高等学校应用型特色系列教材

电子技术项目化教程

主编　李锋　邵帅

副主编　李杏清　李　静　聂影影

电子工业出版社
Publishing House of Electronics Industry
北京·BEIJING

内 容 简 介

本书结合高校学生的认知特点，以典型项目为载体进行编写。全书包括直流稳压电源的设计与测试、音频功率放大器的设计与测试、集成运算放大器的设计与测试、函数信号发生器的设计与测试、三人投票表决器的设计与测试、多路抢答器电路的设计与测试、密码电子锁的设计与测试、数字电子时钟的设计与测试、锯齿波电路的设计与测试 9 个项目。每个项目下又设置有相关的任务，将理论知识贯穿到技能训练中，以工作任务形式展开教学，"教、学、做"一体，突出应用型特色。

本书既可以作为本科院校和高职高专院校电子信息、通信、物联网、机电一体化、自动化等专业电子技术课程的教材或参考书，也可以作为电子技术相关从业者及爱好者的自学用书。

未经许可，不得以任何方式复制或抄袭本书之部分或全部内容。

版权所有，侵权必究。

图书在版编目（CIP）数据

电子技术项目化教程 / 李锋，邵帅主编. —北京：电子工业出版社，2022.5
ISBN 978-7-121-43418-1

Ⅰ. ①电… Ⅱ. ①李… ②邵… Ⅲ. ①电子技术－高等学校－教材 Ⅳ. ①TN

中国版本图书馆 CIP 数据核字（2022）第 077308 号

责任编辑：刘　瑀　　　特约编辑：王　楠
印　　　刷：大厂回族自治县聚鑫印刷有限责任公司
装　　　订：大厂回族自治县聚鑫印刷有限责任公司
出版发行：电子工业出版社
　　　　　北京市海淀区万寿路 173 信箱　　　邮编：100036
开　　本：787×1 092　1/16　印张：14.25　　字数：365 千字
版　　次：2022 年 5 月第 1 版
印　　次：2024 年 1 月第 4 次印刷
定　　价：49.00 元

凡所购买电子工业出版社图书有缺损问题，请向购买书店调换。若书店售缺，请与本社发行部联系，联系及邮购电话：(010) 88254888，88258888。

质量投诉请发邮件至 zlts@phei.com.cn，盗版侵权举报请发邮件至 dbqq@phei.com.cn。

本书咨询联系方式：liuy01@phei.com.cn。

前　言

　　电子技术是一门重要的专业基础课，旨在培养学生识别与选用电子元器件，认识和分析电子技术基本单元电路及其应用的能力。通过课程的学习，了解电子技术的发展方向和应用领域，以适应电子技术发展的形势，为后续专业课程的学习和从事与本课程有关的工程技术工作打好基础。

　　根据应用型本科、职业本科和高等职业教育培养应用型人才的需要，结合本课程实践性强的特点，本书在编写中力求突出如下特点。

　　（1）内容打破传统的学科体系结构，依据职业岗位能力要求采用项目化方式组织编写，突出技能训练，降低知识点的难度与深度，并将理论知识贯穿到技能训练中，以工作任务形式展开，"教、学、做"一体，突出应用型特色。

　　（2）目前各学校实验设备各不相同，为降低对实验设备的依赖，实训部分采用仿真实验方式，方便进行实训教学。

　　（3）以"必需"和"够用"为原则，从实际应用出发，减少不必要的理论知识，注重专业技能的培养。

　　本书的参考学时为 64～80 学时，建议采用理论、实践一体化教学，各章节参考学时如下。

课 程 内 容	参 考 学 时
项目 1　直流稳压电源的设计与测试	8～10
项目 2　音频功率放大器的设计与测试	8～10
项目 3　集成运算放大器的设计与测试	6～8
项目 4　函数信号发生器的设计与测试	4～6
项目 5　三人投票表决器的设计与测试	8～10
项目 6　多路抢答器电路的设计与测试	8～10
项目 7　密码电子锁的设计与测试	6～8
项目 8　数字电子时钟的设计与测试	8～10
项目 9　锯齿波电路的设计与测试	8
课时总计	64～80

　　本书由李锋副教授和邵帅老师任主编，李杏清、李静、聂影影老师任副主编。其中，项目 1 由李杏清老师编写，项目 2 由李锋老师编写，项目 3、项目 4、项目 5、项目 6 由邵帅老师编写，项目 7 由聂影影老师编写，项目 8、项目 9 由李静老师编写，全书由邵帅老师统稿。编者在编写本书过程中，得到广东信盈达技术有限公司牛乐乐总经理的指导和帮助，在此表示诚挚的感谢。

　　本书在编写过程中，参考了大量国内相关著作和文献资料，在此对相关作者表示感谢。由于编者水平有限，书中难免有不妥和疏漏之处，恳请读者批评指正。

编　者

目　　录

项目 **1** 直流稳压电源的设计与测试

知识目标

➢ 了解二极管的结构、主要参数。
➢ 掌握二极管的伏安特性。
➢ 掌握整流电路的类型、特点和工作原理。
➢ 掌握滤波电路的类型、特点和工作原理。
➢ 掌握稳压电路的类型、特点和工作原理。

技能目标

➢ 掌握二极管的主要性能参数并对二极管进行识别和质量鉴定。
➢ 会对整流电路、滤波电路、稳压电路进行组装和测试。

项目背景

在日常生活、生产及科研实验中，有很多场合需要直流电源供电，而电网提供的一般是交流电源。大多数需要用直流电源的场所都采用各种半导体直流稳压电源，将电网提供的交流电压转换为直流电压。

一个性能良好的单相小功率直流稳压电源通常由四部分组成：电源变压器、整流电路、滤波电路和稳压电路，有时还需要添加保护电路。直流稳压电源的基本组成如图 1-1 所示。

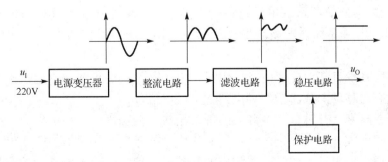

图 1-1　直流稳压电源的基本组成

电源变压器：将电网电压转换为所需要的电压。

整流电路：将交流电转换为脉动直流电。

滤波电路：将脉动直流电中的交流成分滤除，输出比较平滑的脉动直流成分。

稳压电路：进一步稳定整流后的脉动直流电压。

任务 1.1　二极管的识别与检测

▶▶ 任务分析

用半导体制成的器件统称为半导体器件，如半导体二极管、半导体三极管、场效应管和集成电路。半导体器件具有耗电少、体积小、寿命长、重量轻等优点，因此在电子技术中得到广泛应用。本任务通过二极管的识别和检测，学习二极管的基本知识。

▶▶ 知识链接

1.1.1　半导体基本知识

半导体的基本知识是理解半导体器件的特性与工作原理的必要基础。半导体是指导电性能介于导体和绝缘体之间的一种物质，如硅（Si）、锗（Ge）、砷化镓（GaAs）等。半导体具有以下物理特性。

热敏特性：半导体的电阻率随温度变化而显著变化。利用这一特性制成的热敏元件，常用于检测温度的变化。这一特性也影响了半导体器件的温度稳定性。

光敏特性：当某些半导体材料受到光照时，电阻率迅速下降，导电能力显著增强。利用这一特性可制成各种光敏器件，如光敏二极管、光电管等。

掺杂特性：在纯净的半导体材料中加入某种微量的杂质元素后，其导电能力增大几万倍甚至几百万倍。这是半导体最突出的特性。

1. 本征半导体

本征半导体是化学成分纯净、物理结构完整的半导体晶体。半导体原子核最外层的价电子都是四个，称为四价元素，它们排列成非常整齐的晶格结构。在本征半导体的晶格结构中，每个原子均与其四个相邻原子的价电子两两组成电子对，构成共价键结构，结构示意图如图 1-2(a)所示。半导体在物理结构上有多晶体和单晶体两种形态，制造半导体器件必须使用单晶体，即整块半导体材料是由一个晶体组成的。最常用的半导体为硅和锗。

在绝对零度且没有其他外部能量作用时，由于共价键的束缚，价电子不能自由移动，半导体中就没有可移动的载流子，导电能力如同绝缘体。

当受光照或温度上升时，共价键中的价电子热运动加剧，一些价电子会挣脱原子核的束缚游离到空间中成为自由电子，这种现象称为本征激发，如图 1-2(b)所示。价电子脱离共价键束缚形成自由电子的同时，在相应的共价键中留下一个不能移动的空位置，称为空穴。受光照或温度上升影响，其他邻近的价电子很容易填补这个空穴，这种现象称为复合。

参与复合的价电子又会留下一个新的空穴，而这个新的空穴仍会被邻近共价键中跳出来的价电子填补上，这种空穴运动相当于正电荷在运动。

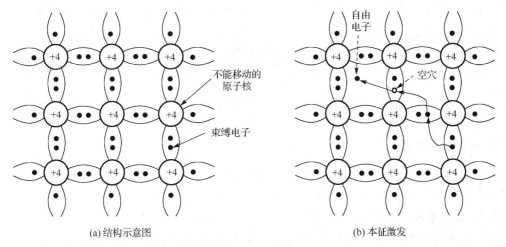

(a) 结构示意图　　　　　　　　　　　　　　(b) 本征激发

图 1-2　本征半导体

可见，半导体由于本征激发而产生自由电子载流子，由复合运动产生空穴载流子，因此，半导体中同时参与导电的通常有两种载流子，且两种载流子总是电量相等、符号相反的，电流的方向规定为空穴载流子的运动方向，即自由电子运动的反方向。这是半导体导电的最大特点，也是半导体和金属在导电机制上的本质差别。

载流子浓度决定半导体的导电能力。载流子浓度越高，半导体的导电能力越强。常温情况下，半导体的导电能力较弱。

2．杂质半导体

本征半导体虽然有自由电子和空穴两种载流子，但由于数量极少，因此导电能力仍然很低。如果在其中掺入某种元素的微量杂质，掺杂后的杂质半导体的导电性将会大大增强。在本征半导体中掺入某些微量杂质元素后的半导体称为杂质半导体。

1）N（negative）型半导体

在纯净的半导体中掺入少量五价杂质元素，如磷、砷等，可以使半导体中自由电子的数量大大增加。这种半导体称为 N 型半导体或电子型半导体。在 N 型半导体中，多子（多数载流子）是自由电子，少子（少数载流子）是空穴，N 型半导体结构示意图如图 1-3（a）所示。

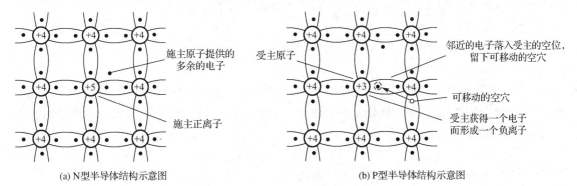

(a) N型半导体结构示意图　　　　　　　　　　(b) P型半导体结构示意图

图 1-3　杂质半导体结构示意图

2) P(positive)型半导体

掺入三价元素的杂质半导体，由于空穴载流子的数量远大于自由电子载流子的数量，因此称为空穴型半导体，也叫 P 型半导体。在 P 型半导体中，多子是空穴，少子是自由电子，P 型半导体结构示意图如图 1-3(b) 所示。

在杂质半导体中，多子的数量取决于杂质浓度，少子的数量取决于温度。不论是 N 型半导体还是 P 型半导体，多子和少子的移动都能形成电流。但是在一般情况下，杂质半导体中的多子的数量可达到少子数量的 10^{10} 倍甚至更多，因此起主要导电作用的是多子，而杂质半导体比本征半导体的导电能力强几十万倍。

3．半导体 PN 结

杂质半导体的导电能力虽然比本征半导体高，但它们并不能称为半导体器件。在电子技术中，PN 结是一切半导体器件的"元概念"和技术起始点。

1) PN 结的形成

如果将 N 型半导体和 P 型半导体制作在同一块本征半导体基片上，那么在它们的交界处就会形成一个很薄的导电层，称为 PN 结。PN 结的形成如图 1-4 所示。

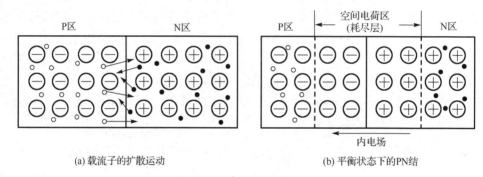

(a) 载流子的扩散运动　　　　　　　　(b) 平衡状态下的PN结

图 1-4　PN 结的形成

在 PN 结形成的过程中，多子的扩散运动和少子的漂移运动共存。刚开始时，一方面，多子的扩散运动占优势，扩散运动的结果使 PN 结加宽，内电场增强；另一方面，内电场又促进了少子的漂移运动：P 区的少子自由电子向 N 区漂移，补充了交界面上 N 区失去的自由电子，同时，N 区的少子空穴向 P 区漂移，补充了原交界面上 P 区失去的空穴，显然漂移运动减少了空间电荷区带电离子的数量，削弱了内电场，使 PN 结变窄。最后，扩散运动和漂移运动达到动态平衡，空间电荷区的宽度基本稳定，PN 结形成。

2) PN 结的单向导电性

在没有外电场作用时，PN 结是不会导电的；在外电场的作用下，PN 结表现出单向导电性。

（1）正偏：如图 1-5(a) 所示，若 PN 结 P 区接电源正极，N 区接电源负极，且当外加电场大于 PN 结内电场时，PN 结处于导通状态，对外电路呈现出较小的电阻，这种状态称为正向导通，所加电压称为正偏电压。

（2）反偏：如图 1-5(b) 所示，若 PN 结 N 区接电源正极，P 区接电源负极，PN 结电阻增大，反向电流很小，这种状态称为反向截止，所加电压称为反偏电压。

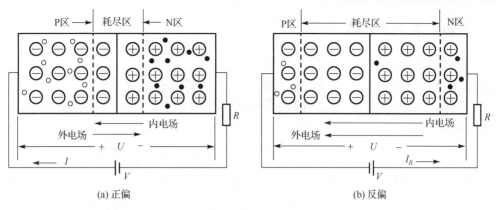

(a) 正偏   (b) 反偏

图 1-5　外加偏置电压的 PN 结

1.1.2　二极管

1. 二极管结构及电路符号

在一个 PN 结的两端加上电极引线并用外壳封装起来，就构成了半导体二极管，二极管结构示意图如图 1-6(a)所示，其中从 N 区引出来的是阴极，从 P 区引出来的是阳极。二极管通用电路符号如图 1-6(b)所示。

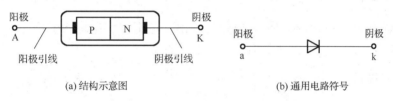

(a) 结构示意图   (b) 通用电路符号

图 1-6　二极管结构示意图及其通用电路符号

2. 二极管的特性

二极管伏安特性如图 1-7 所示。

正向特性：当正向电压小于死区电压(硅管约为 0.5 V，锗管约为 0.2 V)时，二极管截止，电流几乎为零。当正向电压大于死区电压时，二极管导通，电流较大。导通后的二极管端电压变化很小，基本上是一个常量，硅管约为 0.7 V，锗管约为 0.3 V。

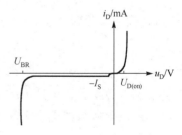

图 1-7　二极管伏安特性

反向特性：当反向电压在一定范围内时，二极管截止，电流几乎为零。当反向电压增大到反向击穿电压 U_{BR} 时，反向电流突然增大，二极管击穿，失去单向导电性。

有时为了便于分析，在一定条件下，可以把二极管的伏安特性理想化，即认为二极管的死区电压和导通电压都等于零，这样的二极管称为理想二极管。

二极管在电路中主要用于整流、限幅、钳位等。整流是指将输入的交流电压变换为单方向脉动的直流电压；限幅是指将输出电压限制在某一数值以内；钳位是指将输出电压限制在某一特定的数值上。

1.1.3　二极管的主要参数

二极管的主要参数如下。

(1) 最大整流电流 I_{OM}：指二极管长期使用时允许通过的最大正向平均电流。

(2) 反向工作峰值电压 U_{DRM}：指二极管使用时允许加的最大反向电压。

(3) 反向峰值电流 I_{RM}：指二极管加上反向峰值电压时的反向电流值。

(4) 最高工作频率 f_M：指二极管所能承受的外施电压的最高频率。

1.1.4　特殊二极管

1. 稳压管

稳压管的反向击穿特性曲线比普通二极管陡，在正常工作时处于反向击穿区，且在外加反向电压撤除后又能恢复正常。当稳压管工作在反向击穿区时，电流虽然在很大范围内变化，但稳压管两端的电压变化很小，所以能起稳定电压的作用。如果稳压管的反向电流超过允许值，将会因过热而损坏，所以与稳压管配合的电阻要适当，才能起到稳压作用。稳压管除用于稳压外，还可用于限幅、欠压或过压保护、报警等。

2. 光电二极管

光电二极管用于将光信号转变为电信号输出，在正常工作时处于反向工作状态，没有光照射时反向电流很小，有光照射时会形成较大的光电流。

3. 发光二极管

发光二极管用于将电信号转变为光信号输出，正常工作时处于正向导通状态，当有正向电流通过时，自由电子就与空穴直接复合而发出光来。

4. 变容二极管

变容二极管是一种利用 PN 结的势垒电容与其反偏电压的依赖关系及原理制成的二极管。变容二极管是利用 PN 结之间电容可变的原理制作的，当变容二极管正常工作时，二极管反偏，改变其 PN 结上的反偏电压，即可改变 PN 结电容量。反偏电压越高，结电容越小，反偏电压与结电容之间的关系是非线性关系。变容二极管通常用于高频电路作为调谐元件或在通信等电路中作为可变电容使用。

▶▶ **任务实施**

设备要求

(1) 各种类型、各种规格的新二极管若干。

(2) 各种类型、各种规格的已损坏的二极管若干。

(3) 万用表一只。

实施步骤

1．二极管器件识别

二极管是各种半导体器件及其应用的基础。二极管种类很多，分类方法也很多。按实际用途可分为普通二极管、发光二极管、光电二极管、变容二极管、稳压二极管等；按所用材料可分为硅管和锗管等；按功能可分为开关管、整流管、稳压管、发光管和光电管等；按工作频率可分为低频管和高频管；按制作工艺可分为点触型二极管、面结型二极管、平面型二极管等。

几种常见二极管的电路符号如图 1-8 所示。

| 普通二极管 | 发光二极管 | 光电二极管 | 变容二极管 | 稳压二极管 |

图 1-8　几种常见二极管的电路符号

2．二极管器件检测

1）二极管极性判别

（1）从外观上识别：二极管的正负极一般可以从外形上识别出来，有的二极管直接标注了二极管的图形符号(箭头指向的一端为负极)；有的二极管用色环或色点来标注(有色环或色点一边为负极)；发光二极管、光电二极管可根据引脚长短判断正负极(长正短负)。

（2）用万用表判断：二极管正向电阻小，反向电阻大。将万用表拨到电阻挡(一般用 $R\times100$ 或 $R\times1k$ 挡，因为 $R\times1$ 挡电流太大，$R\times10k$ 挡电压太高，易损坏管子)，用表笔分别与二极管的两极相接，测出两个阻值。在所测得阻值较小的一次，与黑表笔相接一端为二极管的正极；同理，在所测得较大阻值的一次，与黑表笔相接的一端为二极管的负极。指针式万用表测量二极管示意图如图 1-9 所示。

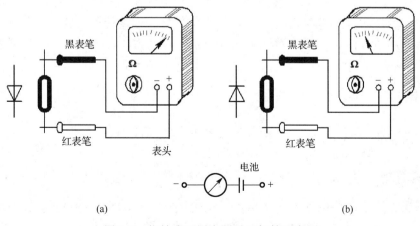

图 1-9　指针式万用表测量二极管示意图

2）二极管质量检测

通过测量二极管的正向、反向电阻值判断二极管好坏：若正向、反向电阻值都很小或接近于零，则说明管子内部出现短路或已击穿；若正向、反向电阻值都很大或接近于无穷大，则说明管子内部已断路；若正向、反向电阻值相差不大，则说明二极管性能变坏或已失效；若反向电阻值比正向电阻值大几百倍以上，则说明二极管性能良好。

▶▶ 任务评价

任务 1.1 评价表如表 1-1 所示。

表 1-1　任务 1.1 评价表

任　务	内　容	分　值	考 核 要 求	得　分
二极管器件识别	1. 名称和类型 2. 电路符号 3. 主要指标	30	能识别各种二极管的名称、类型、电路符号，了解主要指标的含义	
二极管器件检测	1. 判别极性 2. 质量检测 3. 特殊二极管检测	50	能判别二极管的极性和质量	
态度	1. 积极性 2. 遵守安全操作规程 3. 纪律和卫生情况	20	积极参加训练，遵守安全操作规程，保持工位整洁，有良好的职业道德及团队精神	
合计		100		

任务 1.2　整流电路的测试

▶▶ 任务分析

利用二极管的单向导电特性将正负交替的正弦交流电压变为单方向的脉动电压的电路，称为整流电路。根据交流电的相数，整流电路分为单相整流电路、三相整流电路等。在小功率电路中（1kW 以下），一般采用单相整流电路。常用的单相整流电路有单相半波、单相全波和单相桥式整流电路，其中尤以单相桥式整流电路使用最为普遍。本任务通过整流电路的设计和仿真测试，学习整流电路的分析、测试方法，以及根据需求选择适合的整流二极管。

▶▶ 知识链接

1.2.1　单相半波整流电路

1. 工作原理

利用二极管的单向导电性，在变压器二次电压 u_2 为正的半个周期内，二极管正偏，处于导通状态，负载 R_L 上得到半个周期的直流脉动电压和电流；而在 u_2 为负的半个周期内，二极管反偏，处于截止状态，负载中没有电流流过，负载上电压为零。由于二极管的单向导电作用,将变压器二次侧的交流电压变换成负载 R_L 两端的单向脉动电压,达到整流目的,单相半波整流电路及波形图如图 1-10 所示。因为这种电路只在交流电压的半个周期内才有电流流过负载,所以称为单相半波整流电路。

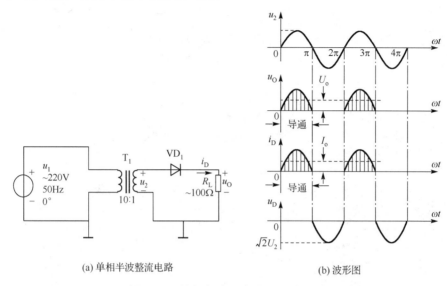

(a) 单相半波整流电路　　　　　　　(b) 波形图

图 1-10　单相半波整流电路及波形图

2. 单相半波整流电路的指标

(1) 负载上的输出电压 U_o

$$U_o = \frac{1}{2\pi}\int_0^\pi \sqrt{2}U_2 \sin\omega t\,\mathrm{d}(\omega t) = \frac{1}{\pi}\sqrt{2}U_2 = 0.45U_2 \tag{1-1}$$

(2) 流过负载的平均电流 I_o

$$I_o = \frac{U_o}{R_L} = \frac{0.45U_2}{R_L} \tag{1-2}$$

(3) 流过整流二极管的平均电流 I_D

$$I_D = I_o = \frac{0.45U_2}{R_L} \tag{1-3}$$

(4) 整流二极管所承受的最大反向电压 U_{DRM}

$$U_{DRM} = U_{2M} = \sqrt{2}U_2 \tag{1-4}$$

1.2.2　单相桥式整流电路

1. 工作原理

单相桥式整流电路应用最广,采用四个整流二极管组成桥式电路,单相桥式整流电路及其波形图如图 1-11 所示,常将图中的四个二极管电路称为整流桥。

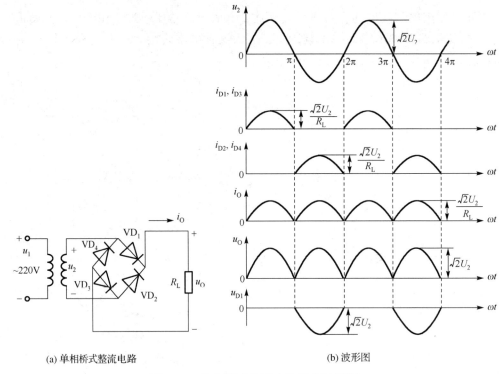

(a) 单相桥式整流电路　　　　　　　　(b) 波形图

图 1-11　单相桥式整流电路及其波形图

2．单相桥式整流电路的指标

（1）负载上的输出电压 U_o

$$U_o = \frac{1}{\pi}\int_0^\pi \sqrt{2}U_2 \sin\omega t \, \mathrm{d}(\omega t) = \frac{2}{\pi}\sqrt{2}U_2 = 0.9U_2 \tag{1-5}$$

（2）流过负载的平均电流 I_o

$$I_o = \frac{U_o}{R_L} = \frac{0.9U_2}{R_L} \tag{1-6}$$

（3）流过整流二极管的平均电流 I_D

$$I_D = \frac{1}{2}I_o = \frac{0.45U_2}{R_L} \tag{1-7}$$

（4）整流二极管所承受的最大反向电压 U_{DRM}

$$U_{DRM} = U_{2M} = \sqrt{2}U_2 \tag{1-8}$$

➢➢ 任务实施

任务目标

（1）掌握整流电路的工作原理及应用。

(2)熟悉单相半波整流电路、单相桥式整流电路的组成及主要参数。

(3)会根据实际需求选择适合的整流二极管。

设备要求

(1)PC 一台。

(2)Multisim 软件。

实施步骤

(1)图 1-12 为单相半波整流电路仿真图，按图 1-12 绘制单相半波整流电路，观察电源电压和输出电压波形，并记录在表 1-2 中。

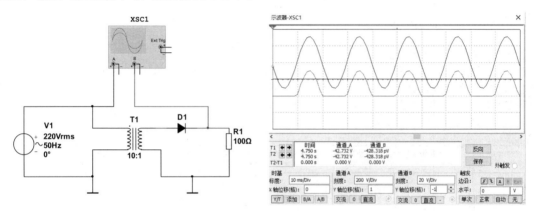

图 1-12 单相半波整流电路仿真图

(2)图 1-13 为单相桥式整流电路仿真图，按图 1-13 绘制单相桥式整流电路，观察输出电压波形，并记录在表 1-2 中。

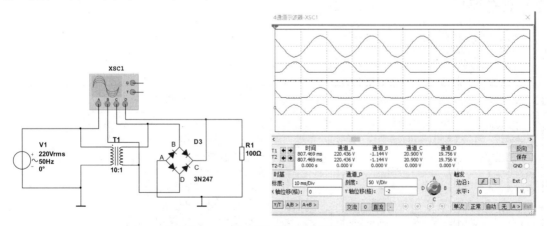

图 1-13 单相桥式整流电路仿真图

(3)对比电源电压、单相半波整流电路输出电压波形、单相桥式整流电路输出电压波形，总结单相半波整流电路和单相桥式整流电路的特点。

(4)设置单相桥式整流电路四个二极管故障，观察输出波形的变化。

(5)完成表 1-2 中的技能拓展。

表1-2　整流电路仿真任务单

项　目	波　形	电压值
输入电压 （电源电压）		输入电压是____（波形），极性是____（单极性/双极性）
单相半波整流电路输出电压		单相半波整流电路输出电压是____（波形），极性是____（单极性/双极性）
单相桥式整流电路输出电压		单相桥式整流电路输出电压是____（波形），极性是____（单极性/双极性）
故障设置	1.当整流桥四个二极管中有一个二极管短路时，对整个电路有什么影响？ 2.当整流桥四个二极管中有一个二极管断路时，对整个电路有什么影响？	
技能拓展	有一单相桥式整流电路要求输出电压 $U_o = 110V$，$R_L = 80\,\Omega$，交流电压380V，如何选用二极管？	

任务评价

任务1.2评价表如表1-3所示。

表1-3　任务1.2评价表

任　务	内　容	分　值	考核要求	得分
单相半波整流电路测试	1. 绘制电路图 2. 设置电路参数 3. 观察并记录实验数据	30	能正确绘制电路图，会根据测试需求设置各参数，能正确完整记录实验数据，会分析单相半波整流电路的工作原理	
单相桥式整流电路测试	1. 绘制电路图 2. 设置电路参数 3. 观察并记录实验数据	30	能正确绘制电路图，会根据测试需求设置各参数，能正确完整记录实验数据，会分析单相桥式整流电路的工作原理	
技能拓展	1. 整流电路工作原理和主要参数 2. 选择整流元件	20	会分析整流电路工作原理，会根据需求选择整流元件	
态度	1. 积极性 2. 遵守安全操作规程 3. 纪律和卫生情况	20	积极参加训练，遵守安全操作规程，保持工位整洁，有良好的职业道德及团队精神	
合计		100		

任务 1.3 滤波电路的测试

任务分析

整流电路输出的是脉动直流电，脉动直流电含有较大的纹波电压，除了一些特殊场所，不能直接作为直流电源为电子产品供电，必须采取措施减小输出电压中的纹波电压，滤波电路就是常用的措施。滤波通常利用电容元件和电感元件的储能功能进行实现。常用的滤波电路有电容滤波电路、电感滤波电路、L 形滤波电路和 Π 形滤波电路。

知识链接

1.3.1 电容滤波电路

电容滤波电路利用电容两端的电压不能突变的特点，使输出电压波形变得比较平滑。电容滤波电路一般是在负载电阻前面并联电容，电容滤波电路如图 1-14 所示。

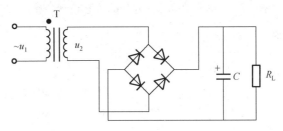

图 1-14 电容滤波电路

当空载时（$R_L = \infty$）：设电容两端初始电压为零，接通电源后，电源电压 u_2 通过整流桥一方面向负载供电，一方面向电容充电。由于充电时间常数很小，因此电容很快充满电，其两端电压基本接近电源电压峰值 U_{2M}，整流桥中的二极管处于截至状态。因此，滤波电路开路电压基本接近于 U_{2M}。

当接入 R_L 时：设电源为正弦波，在接通电源后，无论是在正半周期还是在负半周期，电源电压 u_2 通过整流桥一方面向负载供电，一方面向电容充电。由于充电时间常数很小，因此电容很快充满电，其两端电压基本接近电源电压峰值 U_{2M}。当电源电压值从峰值开始按正弦波规律变小时，由于 $u_2 < u_C$，整流桥四个二极管都处于截止状态，电容通过负载放电。如果电容选择适当，那么电容放电时间常数很大，放电速度很慢，u_C 下降很慢。与此同时，u_2 仍按正弦波规律变化，一旦 $u_2 > u_C$，电源又开始对电容进行充电(全波整流就不用考虑正负周期)，电容电压很快又接近于电源电压峰值 U_{2M}。下一时刻，电源电压又按正弦波规律变小，当 $u_2 < u_C$ 时，整流桥四个二极管都处于截止状态，电容又开始放电。这样，在 U_2 的作用下，电容不断地充电、放电，从而在负载端得到一个类似锯齿波的电压，使纹波系数大大减小。

滤波效果与电容 C 和负载 R_L 变化有关，影响如下。

负载一定时，电容 C 越大，电路放电时间常数 $R_L C$ 越大，电路放电速度越慢，负载端

电压纹波系数越小，波形越平滑，但当电容过大时，上电瞬间在电路中会产生较大的浪涌电流。为取得良好的滤波效果，一般取

$$R_L C \geq (3 \sim 5)T / 2 \tag{1-9}$$

T 为输入电压周期。

输出端电压值范围为

$$0.9U_2 < U_o < \sqrt{2}U_2 \tag{1-10}$$

当 C 一定时，R_L 越小，输出电压越小；当空载时电压最大；当满足条件(式 1-9)时，有

$$U_L \approx (1.1 \sim 1.2)U_2 \tag{1-11}$$

这种滤波电路输出电压高，但带负载能力差，一般适用于电压变化不大、负载电流小的场所。

> **小知识**
>
> (1)滤波电容容量较大，一般选择电解电容，且连接到电路中时极性不能接反。
> (2)滤波电路通电瞬间会有较大的浪涌电流，在选择二极管时，其允许通过的最大平均整流应该比正常工作电流大一些，还可以在整流电路输出端串联一个限流电阻以保护二极管。

1.3.2　电感滤波电路

电感元件具有储能作用，当电感中的电流增大时，通过自感电动势阻碍电流增大，同时也将能量储存起来；当电感中的电流减小时，自感电动势阻碍电流减小，同时电感元件释放储存的能量。因此，如果电路中电流变化小，那么输出电压波纹波系数变小，输出波形变得相对平滑。电感滤波电路的实质就是通过电感元件的电流无法突变来达到滤波的效果，电感滤波电路如图 1-15 所示，电路中电感一般取值较大，为几亨以上。

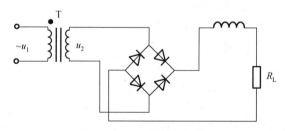

图 1-15　电感滤波电路

电感越大，滤波效果越好，当 $\omega_L \gg R_L$ 时，滤波效果较好。电感滤波电路输出电压一般小于全波整流电路输出电压的平均值，如果忽略电感内阻，那么 $U_L = 0.9U_2$。电感滤波电路一般适用于低电压、大电流场所。

1.3.3　其他滤波电路

为进一步优化滤波效果，可在电感后面再接一个电容，构成 L 形滤波电路，L 形滤波电路如图 1-16 所示；也可在电感两端各并联一个电容构成 Π 形滤波电路，Π 形滤波电路如图 1-17 所示。

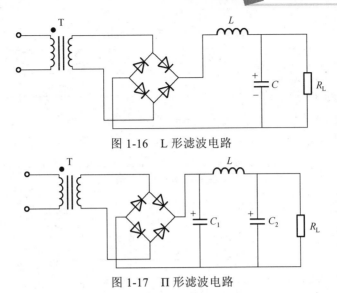

图 1-16　L 形滤波电路

图 1-17　Ⅱ 形滤波电路

任务实施

任务目标

(1) 掌握滤波电路的工作原理及应用。

(2) 熟悉电容滤波电路、电感滤波电路的连接方式。

(3) 会根据实际需求选择合适的滤波电容和滤波电感。

设备要求

(1) PC 一台。

(2) Multisim 软件。

实施步骤

(1) 电容滤波电路仿真测试图如图 1-18 所示，按图 1-18 绘制仿真测试电路。

(2) 改变电容大小，观察输出电压，并记录在表 1-4 中。

(3) 将图 1-18 中的电容去掉，在负载前串联上一个电感元件，改变电感大小，观察输出电压，并记录在表 1-4 中。

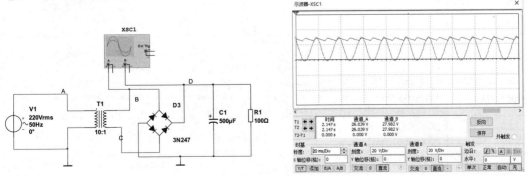

图 1-18　电容滤波电路仿真测试图

表 1-4   滤波电路仿真任务单

电容 C 变化的影响（R_L=100Ω）			
电容 C	100μF	500μF	1000μF	2000μF
波形				
直流分量/V				
交流分量/mV				
负载 R_L 变化的影响（C=100μF）			
负载 R_L	10Ω	50Ω	100Ω	200Ω
波形				
直流分量/V				
交流分量/mV				
电感 L 变化的影响（R_L=100Ω）			
电感 L	1H	2H	4H	8H
波形				
直流分量/V				
交流分量/mV				
结论	电容 C 越大,输出的电压交流分量____(越大/越小)；负载 R_L 越大,输出的电压交流分量____(越大/越小)；电感 L 越大, 输出的电压交流分量____(越大/越小)			
技能拓展	单相桥式电容滤波整流,交流电源频率 f = 50Hz,负载电阻 R_L = 50Ω,要求直流输出电压 U_o = 20V,选择整流二极管及滤波电容			

任务评价

任务 1.3 评价表如表 1-5 所示。

表 1-5   任务 1.3 评价表

任务	内容	分值	考核要求	得分
电容 C 变化的影响	1. 绘制电路图 2. 设置电路参数 3. 观察并记录实验数据	30	能正确绘制电路图,会根据测试需求设置各参数,能正确完整记录实验数据	
负载 R_L 变化的影响	1. 绘制电路图 2. 设置电路参数 3. 观察并记录实验数据	20	能正确绘制电路图,会根据测试需求设置各参数,能正确完整记录实验数据	
电感 L 变化的影响	1. 绘制电路图 2. 设置电路参数 3. 观察并记录实验数据	20	能正确绘制电路图,会根据测试需求设置各参数,能正确完整记录实验数据	
技能拓展	1. 滤波电路分析 2. 选择滤波元件	10	会分析滤波电路工作原理,会根据需求选择滤波元件	
态度	1. 积极性 2. 遵守安全操作规程 3. 纪律和卫生情况	20	积极参加训练,遵守安全操作规程,保持工位整洁,有良好的职业道德及团队精神	
合计		100		

任务 1.4　稳压电路的测试

任务分析

电子产品一般需要稳定的电源电压。通过整流滤波电路得到的直流电源并非理想的直流电源，它还会随电网电压的波动或负载电流的变化而变化。为获得更稳定的直流电源，在整流滤波电路之后还需要增加稳压电路，从而使输出电压更加稳定。常用的稳压电路有并联型稳压电路、串联型稳压电路和集成稳压器电路。

知识链接

1.4.1　并联型稳压电路

并联型稳压电路如图 1-19 所示，由一个稳压二极管 VD_Z 和一个限流电阻 R 组成，与负载 R_L 并联，故称为并联型稳压电路。

由电路可得

$$U_I = U_R + U_O \tag{1-12}$$

$$I_I = I_Z + I_O \tag{1-13}$$

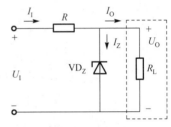

图 1-19　并联型稳压电路

稳压管稳压电路由稳压二极管 VD_Z 的电流调节作用和限流电阻 R 的电压调节作用相互配合实现稳压，稳压管的电压即电路输出电压 U_O。稳压管稳压电路结构简单，使用方便，但是稳压范围小，一旦电网电压或负载电流变化较大时，电路将失去稳压作用；另外，电路的稳压能力由稳压管型号决定，不连续可调，稳压精度不高，输出电流不大。因此稳压管稳压电路只实用于负载电流小，负载电压不变，且对稳定度要求不高的场所。

> **小知识**
>
> 限流电阻的作用：
> (1)限制稳压管电流使其正常工作。
> (2)通过电压调节作用配合稳压管稳定电压。

1.4.2　串联型稳压电路

稳压管电路由于输出电流小且不可调，无法满足很多场所的需求。在稳压管电路的基础上串联一个三极管电压反馈电路，可得到串联型稳压电路，这种稳压电路由可调三极管 VT 构成的主回路与负载串联，故称为串联型稳压电路，如图 1-20 所示。

串联型稳压电路一般由调整电路、取样电路、比较放大电路和基准电路等构成。其中，三极管 VT 为调整管；A 为比较放大器；U_Z 为基准电压，通过稳压管 VD 和限流电阻 R 构成的稳压电路获得；R_1 和 R_2 构成反馈网络，其作用是对输出电压的变化量进行取样。整个电路的稳压原理是：当电网电压出现波动或负载发生变化时，输出电压 U_O 增大（或减小），反馈网络（采样电路）将输出电压变化量取样后送至比较放大器 A 的反相输入端，与基准电压 U_Z 比较，它们的差值经放大后使调整管 VT 的基极电压和集电极电流减小（或增大），调整管 VT 的集电极与发射极之间的电压降也随着增大（或减小），从而稳定输出电压 U_O。若在反馈网络中串联上一个电位器，则可实现输出电压可调。

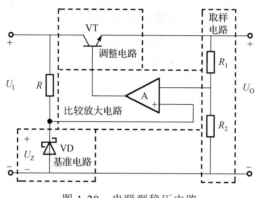

图 1-20　串联型稳压电路

小结

　　串联型稳压电路以稳压管电路为基础，利用三极管的电流放大作用，增大负载电流；通过引入深度电压负反馈稳定输出电压；利用反馈网络参数变化实现输出电压可调。

1.4.3　集成稳压器电路

　　集成稳压器是一个将稳压电路中的大部分元件或所有元件制作在一片硅片上构成的完整的稳压电路。集成稳压器种类繁多，按输出电压类型可分为固定式集成稳压器和可调式集成稳压器；按结构不同可分为串联型、并联型和开关型。集成稳压器体积小、外接元件少、性能稳定可靠、使用方便，其中三端集成稳压器使用最为广泛。

1. 固定式三端集成稳压器

　　常用的固定式三端集成稳压器包括 78 系列和 79 系列。78 系列输出正电压，79 系列输出负电压。它们的输出电压值有 5V、6V、9V、12V、15V、18V、24V 等，型号后面的两位数字表示输出电压值；输出电流有 0.1A、0.5A 等，通过 78 或 79 后面的字母区分，L 表示 0.1A，M 表示 0.5A，如 W78L09 表示输出电压值为 9V，输出电流为 0.1A 。

　　图 1-21 为以 78 系列为核心组成的典型直流稳压电路。当正常工作时，稳压器调整管需工作在放大区，但若输入端和输出端电压差太大，则会增加稳压器功耗。为兼顾两者，当正常工作时，稳压器输入、输出电压差为 2～3V。在图 1-21 所示的电路中，VD 是保护二极管，当输入端短路时，给输出电容 C_3 一个放电回路，防止 C_3 两端的电压损坏稳压器中的调整管。电容 C_1 用于抵消电磁感应，电容 C_2、C_3 实现频率补偿，防止稳压管产生高频自激振荡并抑制高频干扰；同时，C_3 还可以减小输出端由输入电源带来的低频干扰。

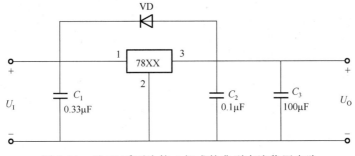

图 1-21 以 78 系列为核心组成的典型直流稳压电路

小知识

79 系列和 78 系列外形相同,但引脚排列有所不同,且不同的生产厂家生产的参数和引脚排列也有所不同,使用时需注意。

2. 可调式三端稳压器

可调式三端稳压器的输出电压可调,输出电压有正电压和负电压。LM317 是国内外使用极为广泛的一类可调式三端稳压器,它具有输出电压可调、调压范围宽(1.25～37V/DC)、稳压性能好、噪声低、纹波抑制高等优点,芯片内部有过流、过热、短路保护电路。国产主要型号有 CW317、CW337(与美国国家半导体公司的 LM317、LM337 的技术标准相近)。其中 CW317 输出电压1.2～37V 连续可调,CW337 输出电压 −37～−1.2V 连续可调,输出电流均为 1.5A。

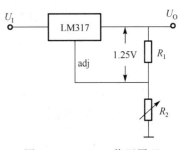

图 1-22 LM317 稳压原理

LM317 稳压原理如图 1-22 所示,输出端(2 脚)和调节输入端(adj)之间电压为恒定值 1.25V,输出电压 U_O 取决于 R_1 和 R_2 的比值,调节 R_2 的阻值可改变输出电压值,即

$$U_O = 1.25\left(1 + \frac{R_2}{R_1}\right) \tag{1-14}$$

小知识

电阻 R_1 决定了 LM317 的工作电流,不可任意取值,否则可能会导致输出电压精度下降,甚至不能正常工作,一般取 240Ω,安装时应靠近芯片输出端,否则输出电流可能较大,造成输出精度下降。

▶▶ 任务实施

任务目标

(1)掌握稳压电路的工作原理及应用。

(2)熟悉集成稳压器的应用。

(3)会调试稳压电路。

设备要求

(1) PC 一台。

(2) Multisim 软件。

实施步骤

(1) 串联型稳压电路仿真图如图 1-23 所示,按图 1-23 绘制串联型稳压电路的仿真测试电路。

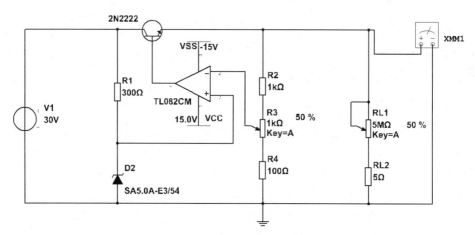

图 1-23 串联型稳压电路仿真测试图

(2) 改变输入电压 U_I(其他参数不变),观察输出电压的变化并记录在表 1-6 中。

(3) 按表 1-6 分别改变负载 R_L(其他参数不变),观察输出电压的变化并记录在表 1-6 中。

表 1-6 串联型稳压电路仿真任务单

输入电压变化的影响(其他参数不变)						
输入电压 U_I / V	30	25	20	15	10	5	1
输出电压 U_O / V							
结论							
负载 R_L 变化的影响(其他参数不变)						
负载电阻 R_L /Ω	∞	5000	1000	200	50	10	2
输出电压 U_O /V							
结论							
取样电阻 R_3 变化的影响(其他参数不变)						
取样电阻 R_3 /Ω	100%	80%	60%	40%	20%	10%	0%
输出电压 U_O /V							
结论							

任务评价

任务 1.4 评价表如表 1-7 所示。

表 1-7 任务 1.4 评价表

任 务	内 容	分 值	考 核 要 求	得 分
输入电压变化的影响	1. 绘制电路图 2. 设置电路参数 3. 观察并记录实验数据	30	能正确绘制电路图，会根据测试需求设置各参数，能正确完整记录实验数据	
负载 R_L 变化的影响	1. 绘制电路图 2. 设置电路参数 3. 观察并记录实验数据	20	能正确绘制电路图，会根据测试需求设置各参数，能正确完整记录实验数据	
取样电阻 R_2 变化的影响	1. 绘制电路图 2. 设置电路参数 3. 观察并记录实验数据	20	能正确绘制电路图，会根据测试需求设置各参数，能正确完整记录实验数据	
技能拓展	1. 滤波电路分析 2. 选择滤波元件	10	会分析滤波电路工作原理，会根据需求选择滤波元件	
态度	1. 积极性 2. 遵守安全操作规程 3. 纪律和卫生情况	20	积极参加训练，遵守安全操作规程，保持工位整洁，有良好的职业道德及团队精神	
合计		100		

实训 1 直流稳压电源的设计与测试

实训 1.1 设计指标

(1)学习小功率直流稳压电源的设计与调试方法。

(2)掌握小功率直流稳压电源有关参数的测试方法。

(3)会选择变压器、整流二极管、滤波电容及集成稳压器设计直流稳压电源。

(4)掌握直流稳压电路的调试及主要技术指标的测试方法。

(5)通过电路设计加深对该课程知识的理解及对知识的综合运用。

实训 1.2 设计任务

(1)输入电源：单相(AC)，220V±10%，50Hz±5%。

(2)输出电压：DC 3～12V，连续可调。

(3)输出电流：DC 0～800mA。

(4)负载效应：≤5%。

(5)输出纹波噪声电压：≤10mV(有效值)。

(6)保护性能：超出最大输出电流 20%时立即过流保护。

(7)适应环境：温度为 0～40℃，湿度为 20%～90%RH。

(8)PCB(印制电路板)尺寸：≤120mm×90mm。

实训 1.3 设计要求

直流稳压电源的基本要求如下。

(1) 合理选择电源变压器。

(2) 合理选择集成稳压器。

(3) 完成全电路理论设计、计算机辅助分析与仿真、安装调试、绘制电路图。

(4) 撰写设计使用说明书。

(5) 稳压电源在输入电压为 220V/50Hz、电压变化范围为 -10%～+10% 条件下：

① 输出直流电压为 1.26～12V，12V，9V，5V，-5V；

② 最大输出电流为 $I_{omax}=500mA$；

③ 纹波电压(峰-峰值)≤5mV (最低输入电压下，满载)；

④ 具有过流保护及短路保护功能；

⑤ 画出总体设计框图，以说明直流稳压电源由哪些相对独立的功能模块组成，标出各个模块之间的联系、变化，并以文字对原理作辅助说明。设计各个功能模块的电路图，并加上原理说明。选择合适的元器件，接线验证、调试各个功能模块的电路，在接线验证时设计、选择合适的输入信号和输出方式，在保证电路正确性的同时，输入信号和输出方式要便于电路的测试和故障排除。在验证各个功能模块的基础上，对整个电路的元器件和布线进行合理布局，进行直流稳压电源整个电路的调试。

实训 1.4 硬件设计与检查

1. PCB 的制作

(1) 准备原理图和网络表。

(2) 规划电路板，设置参数。

(3) 装入网络表，进行元件封装。

(4) 布置元件，进行手工调整。

(5) 布线，进行手工调整。

(6) 保存 PCB 文件，打印输出，并检查打印出来的 PCB 图是否完好。

(7) 用 Fecl3 溶液进行腐蚀。

2. 硬件设计及检测

对电路进行组装：按照自己设计的电路，在 PCB 上焊接。焊接完毕后，应对照电路图仔细检查，看是否有错接、漏接、虚焊的现象。对安装完成的电路板的参数及工作状态进行测量，以便提供调整电路的依据。经过反复的调整和测量，使电路的性能达到要求。

(1) 准备以下仪器仪表。

① GB-9 毫伏表 1 台；

② 0.5kW 调压器 1 台；

③ 万用表 1 只；

④ 常用调试工具 1 套；

⑤ 35W 电烙铁 1 把(外壳接地)；

⑥ 300V 交流电压表 1 个；

⑦ 3A 交流电流表 1 个；

⑧ 工艺电阻：15W、15Ω 电阻 1 只。

(2)外观检查。

① 电源调试前，仔细检查整流滤波电容极性装配是否正确，以免发生意外及损坏元器件。

② 防止输出端或负载短路，以免损坏电源调整管或其他元器件。

(3)电路静态检测。

① 整流输出端对地电阻≥10kΩ；

② 稳压输出端对地电阻约 2kΩ。

(4)变压器的检测。

① 静态直流电阻一次侧 130Ω，二次侧 1Ω；

② 加电测量一次侧 220V，二次侧 18V；

③ 变压器无明显发烫、震动、鸣叫现象。

3. 焊接要求

手工焊接一般分四步进行。

(1)准备焊接：清洁被焊元器件处的积尘及油污，再将被焊元器件周围的元器件左右掰一掰，让电烙铁头可以触到被焊元器件的焊锡处，以免烙铁头伸向焊接处时烫坏其他元器件。焊接新的元器件时，应对元器件的引线镀锡。

(2)加热焊接：将沾有少许焊锡和松香的电烙铁头接触被焊元器件约几秒钟。若要拆下印刷板上的元器件，则待烙铁头加热后，用手或镊子轻轻拉动元器件，看是否可以取下。

(3)清理焊接面：若所焊部位焊锡过多，可将烙铁头上的焊锡甩掉(注意不要烫伤皮肤，也不要甩到印刷电路板上)，然后用光烙铁头"沾"些焊锡出来。若焊点焊锡过少、不圆滑，则可以用电烙铁头"沾"些焊锡对焊点进行补焊。

(4)检查焊点：看焊点是否圆润、光亮、牢固，以及是否有与周围元器件连焊的现象。

注意：安装前应检查元器件的质量，安装时要特别注意电解电容、集成芯片等主要器件的引脚和极性不能插错。从输入级开始向后级安装。

实训 1.5 　电路调试与检测

1. 电路的调试

(1)电路调整：将调压器调准在 220V，接上变压器插头，调整 W2，直流输出电压变为 3～12V 连续可调。调整 W2，使直流输出电压为 9±0.2V。

(2)测电源消耗和负载特性：在调压器为 220V，直流输出电压为 9±0.2V 的情况下，接入 15Ω 假负载。此时交流电流表指示值应≤100mA。当断开 10Ω 假负载(即直流输出为空载)时，交流电流表指示值应≤10mA。

(3)测电压调整率：电源输出端接上 10Ω 假负载，调压器从 180V 调到 240V，直流输出电压为 12±0.2V。

(4)测纹波电压：毫伏表接 10Ω 负载两端，将表置 10mV 挡，检查表上纹波电压应≤5mV。

2．技术指标及要求

在本次实训中，测量了稳压电源的主要性能指标，包括稳压系数、内阻、纹波电压等。其方法如下。

测量稳压系数：在负载电流为最大时，分别测得输入交流比 220V 增大和减小 10%的输出 U_O，并将其中最大一个代入公式计算 Sr，当负载不变时，有

$$Sr = \left(\frac{\Delta U_O / U_O}{\Delta U_I / U_I} \right) \times 100\%$$

测量纹波电压：叠加在输出电压上的交流分量，一般为 mV 级。可将其放大后，用示波器观察其峰-峰值 V_{PP}，也可用交流毫伏表测量其有效值 U_O，由于纹波电压不是正弦波，因此用有效值衡量存在一定误差。

(1)输出电压在 12V 上下可调，当交流电压为 220V 时，输出直流电压为 12±0.2V；

(2)纹波电压：当交流电压为 220V 时，10Ω 假负载上的纹波电压≤5mV；

(3)交流电源消耗：满载时≤150mA，空载时≤40mA。

3．技术指标测量

(1)测量稳压系数。先调节自耦变压器使输入的电压增加 10%，即 U_I=242V，测量此时对应的输出电压 U_{O1}；再调节自耦变压器使输入减少 10%，即 U_I=198V，测量此时对应的输出电压 U_{O2}，然后测量当 U_I=220V 时对应的输出电压 U_O，则稳压系数为

$$Sr = \left(\frac{\dfrac{\Delta U_O}{U_O}}{\dfrac{\Delta U_I}{U_I}} \right) \times 100\% = \frac{\dfrac{(U_{O1} - U_{O2})}{U_O}}{\dfrac{(242 - 198)}{220}} \times 100\%$$

根据在实验室中测得的数据，通过计算得出稳压系数，测试结果记录表如表 1-8 所示。

表 1-8　测试结果记录表

当 U_I=220V 时，U_O=				
输入电压		输出电压		稳压系数
U_{I1}	U_{I2}	U_{O1}	U_{O2}	

(2)纹波电压的测量。用示波器观察 U_O 的峰-峰值(此时 Y 通道输入信号采用交流耦合 AC)，测量 V_{PP} 的值(约 4mV)。

将在实验室测得的纹波电压实验数据填入表 1-9 中。

表 1-9　纹波电压实验数据记录表

输出电压/V	纹波电压/mV
12	9.2
9	3.6
5	2.7
3	0.6

（3）调压测试。在实际电路板中，$R_1=1.5\text{k}\Omega$，$R_{P1}=10\text{k}\Omega$，可以算得理论的调压范围为 $1.25\sim12\text{V}$，而实际输入 LM317 中的电压要小于 25.73V，因此无法达到这么大的电压。$U_{\min}=1.26\text{V}$ 与基准电压 1.25V 非常接近。

4．误差分析

（1）误差计算。

12V 挡的误差 V12%=|（12.13−12.00）/12.00|=1.108%；

9V 挡的误差 V9%=|（8.97−9.00）/9.00|=0.333%；

5V 挡的误差 V5%=|（5.06−5.00）/5.00|=1.2%；

−5V 挡的误差 V−5%=|（−4.67−（−5.00））/5.00|=6.6%。

（2）误差原因分析。

综合分析可以知道在测试电路的过程中可能带来的误差因素有：

① 元件本身存在的误差；

② 焊接点存在的微小电阻；

③ 万用表本身的准确度造成的系统误差；

④ 测量方法造成的人为误差。

思考与练习 1

一、填空题

1．单相桥式整流和单相半波整流电路相比，在变压器二次电压相同的条件下，电路的_____平均值高了一倍；若输出电流相同，对每个整流二极管而言，则电路的整流平均电流大了_____，采用_____电路，脉动系数可以下降很多。

2．在电容滤波和电感滤波中，滤波适用于_____负载，滤波的直流输出电压高。

3．电容滤波的特点是电路简单，_____较高，_____较小，但是_____较差，有_____冲击。

4．对于 LC 滤波器，_____越高，_____越大，滤波效果越好。

5．集成稳压器 W7812 输出的电压值为_____V。

6．集成稳压器 W7912 输出的电压值为_____V。

7．单相半波整流电路的缺点是只利用了_____，同时整流电压的脉动较大。为了克服这些缺点一般采用全波整流电路。

8. 稳压二极管需要串入_____才能进行正常工作。

9. 单相桥式整流电路中，负载电阻为100Ω，输出电压平均值为10V，则流过每个整流二极管的平均电流为_____A。

10. 由理想二极管组成的单相桥式整流电路(无滤波电路)，其输出电压的平均值为9V，则输入正弦电压有效值应为_____。

二、选择题

1. 为得到单向脉动较小的电压，在负载电流较小，且变动不大的情况下，可选用_____。

    A. $RC\Pi$形滤波   B. $LC\Pi$形滤波   C. LC滤波   D. 不用滤波

2. 单相若桥式整流电路由两个二极管组成，变压器的二次电压为 U_2，所承受的最高反向电压为_____。

    A. $\sqrt{2}U_2$ B. U_2 C. $2U_2$

3. 单相半波整流电路中，负载为500Ω，变压器的二次电压为12V，则负载上电压平均值和二极管所承受的最高反向电压为_____。

    A. 5.4V、17V   B. 5.4V、12V   C. 9V、12V   D. 9V、17V

4. 稳压管的稳压区工作在_____。

    A. 反向击穿区   B. 反向截止区   C. 正向导通区

5. 在单相桥式整流电路中，负载流过电流 I_o，则每个整流管中的电流 I_D 为_____。

    A. $I_o/2$ B. I_o C. $I_o/4$ D. U_2

6. 整流的目的是_____。

    A. 将交流变为直流   B. 将高频变为低频   C. 将正弦波变为方波

7. 直流稳压电源中滤波电路的目的是_____。

    A. 将交直流混合量中的交流成分滤掉

    B. 将高频变为低频

    C. 将交流变为直流

8. 在单相桥式整流电路中，若 D_1 开路，则输出_____。

    A. 变为半波整流波形   B. 变为全波整流波形

    C. 无波形且变压器损坏   D. 波形不变

9. 稳压二极管构成的并联型稳压电路，其正确的接法是_____。

    A. 限流电阻与稳压二极管串联后，负载电阻再与稳压二极管并联

    B. 稳压二极管与负载电阻并联

    C. 稳压二极管与负载电阻串联

10. 若要测单相桥式整流电路的输入电压 U_I 及输出电压 U_O，应采用的方法是_____。

    A. 用交流电压表测 U_I，用直流电压表测 U_O

    B. 用交流电压表分别测 U_I 及 U_O

    C. 用直流电压表测 U_I，用交流电压表测 U_O

    D. 用直流电压表分别测 U_I 及 U_O

三、计算题

1. 有一直流电源，其输出电压为 110V、负载电阻为 55Ω，采用单相桥式整流电路(不带滤波器)供电。试求变压器二次电压和输出电流的平均值，并计算二极管的电流 I_D 和最高反向电压 U_{DRM}。

2. 单相桥式整流电路中，不带滤波器，已知负载电阻 $R=360Ω$，负载电压 $U_o=90V$。试计算变压器二次电压的有效值 U_2 和输出电流的平均值，并计算二极管的电流 I_D 和最高反向电压 U_{DRM}。

3. 在单相桥式整流电容滤波电路中，若发生下列情况之一时，对电路正常工作有什么影响？

(1)负载开路。

(2)滤波电容短路。

(3)滤波电容断路。

(4)整流桥中一个二极管断路。

(5)整流桥中一个二极管极性接反。

项目 2 音频功率放大器的设计与测试

知识目标

➢ 了解三极管的结构、主要参数。
➢ 掌握三极管的伏安特性及放大电路原理分析。
➢ 掌握反馈电路分析。
➢ 掌握差动放大电路的工作原理。
➢ 掌握音频功率放大器的分析与设计。

技能目标

➢ 掌握三极管的主要性能参数并对三极管进行识别和质量鉴定。
➢ 会对放大电路、反馈电路、音频功放电路进行组装和测试。

项目背景

音频功率放大器，简称功放。它的作用是将音源输出的微弱的音频信号放大，并且能产生足够的功率去推动扬声器发声。电路结构主要由前置放大器、音调控制器、功率放大器几个部分组成，如图 2-1 所示。

音源输入 u_i → 前置放大器 → 音调控制器 → 功率放大器 → u_o R_L

图 2-1 音频功率放大器组成框图

任务 2.1 三极管的识别与检测

▶▶ 任务分析

半导体三极管又称晶体三极管，简称三极管，它是在 20 世纪 40 年代发展起来的最重要的一种半导体器件，用于各类放大电路中。其功能是放大、混频和光电转换等。它具有体积小、质量轻、耗电少、寿命长、工作可靠等一系列优点，应用十分广泛。

▶ **知识链接**

由于三极管工作时，多子和少子都参与运行，因此还被称为双极结型晶体管（简称BJT）。常见的三极管如图 2-2 所示。

图 2-2　常见的三极管

三极管按结构可分为 NPN 型和 PNP 型两类，如图 2-3 和图 2-4 所示。

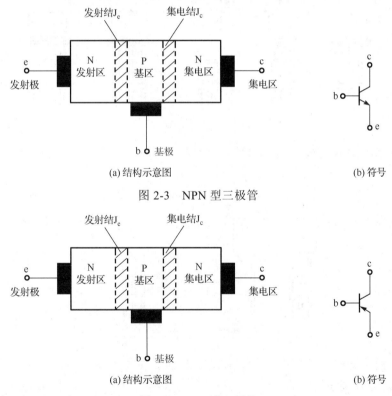

(a)结构示意图　　　　　　　　　　(b)符号

图 2-3　NPN 型三极管

(a)结构示意图　　　　　　　　　　(b)符号

图 2-4　PNP 型三极管

▶ **任务实施**

设备要求

（1）各种类型、各种规格的新三极管若干。

(2)各种类型、各种规格的已损坏的三极管若干。

(3)万用表一只。

实施步骤

(1)根据引脚排列识别三极管。

使用三极管，首先要弄清它的引脚极性。目前三极管种类较多，封装形式不一，引脚也有多种排列方式。

大多数金属封装的小功率三极管的引脚都是等腰三角形排列的。其中，顶点是基极，左边是发射极，右边为集电极，如图2-5所示。

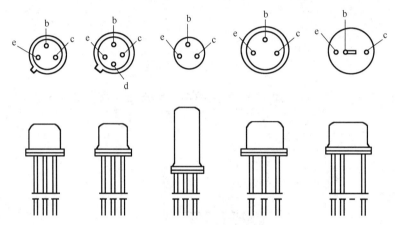

图2-5　小功率三极管金属封装示意图

塑料封装的小功率三极管的引脚是一字型排列的，中间是基极，如图2-6所示。

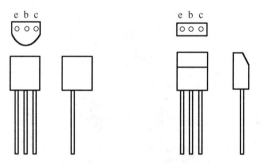

图2-6　小功率三极管塑料封装示意图

大功率三极管一般直接用金属外壳作为集电极，如图2-7所示。

(2)用万用表判别引脚极性。

通过测量各引脚间电阻来判别引脚，进而判别是PNP型管还是NPN型管。PNP型管和NPN型管在测量极间电阻时都可看成是反向串联的两个PN结，其中PNP型管的基极对集电极、发射极都是反向的；NPN型管的基极对集电极、发射极都是正向的。以此可以识别三极管的基极，判断管型及三极管的好坏。

① 用指针式万用表检测三极管的管型。

将指针式万用表的红表笔接三极管的任一脚，黑表笔分别接三极管的另外两脚。当两次测得的阻值均很小时，一般为几十欧至十几千欧，则此管为 PNP 型的；当两次测得的阻值均很大时，一般为几百千欧以上，则此管为 NPN 型的，且红表笔接的是三极管的基极，如图 2-8 所示。

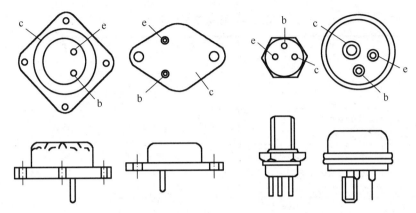

图 2-7 大功率三极管塑料封装示意图

② 用指针式万用表判别三极管的集电极与发射极。

对 PNP 型管，除了基极外，将红表笔和黑表笔分别接三极管的另外两脚，再将基极与红表笔之间用手捏住，交换红表笔和黑表笔分别接的另外两脚，测得阻值比较小的一次，红表笔对应的是 PNP 型管的集电极。

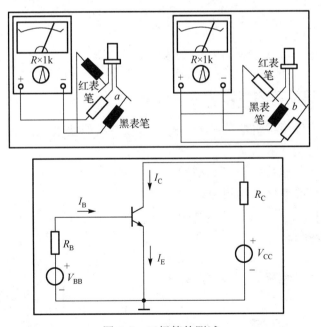

图 2-8 三极管的测试

(3)三极管好坏的大致判别。

根据 PN 结的单向导电性，可以检查三极管内各极间 PN 结的正反向电阻，如果相差较大，说明三极管基本上是好的。如果正反向电阻都很大，说明三极管内部有断路或 PN 结性能不好；如果正反向电阻都很小，说明三极管极间短路或击穿了。

任务评价

任务 2.1 评价表如表 2-1 所示。

表 2-1　任务 2.1 评价表

任　　务	内　　容	分　值	考 核 要 求	得　　分
三极管的识别	1. 名称和类型 2. 电路符号 3. 主要指标	30	能识别各种三极管的名称、类型、电路符号，了解主要指标的含义	
三极管的检测	1. 判别极性 2. 质量检测	50	能判别三极管的极性和质量	
态度	1. 积极性 2. 遵守安全操作规程 3. 纪律和卫生情况	20	积极参加训练，遵守安全操作规程，保持工位整洁，有良好的职业道德及团队精神	
合计		100		

任务 2.2　单管放大电路

任务分析

了解三极管的电流分配和电流放大原理及放大电路的分析。

知识链接

2.2.1　三极管的电流放大作用

基本放大电路的作用是将信号源输出的信号按负载的要求进行电压、电流、功率的放大，即利用三极管的放大和控制作用，把电源的能量转换为变化的输出量，而这些输出量的变化是与输入量的变化成比例的。

基极电源电压 V_{BB}、基极电阻 R_b、基极 b 和发射极 e 组成输入回路。集电极电源 V_{CC}、集电极电阻 R_c、集电极 c 和发射极 e 组成输出回路。发射极是公共电极。这种电路称为共射放大电路。

电路中 $V_{BB} < V_{CC}$，电源极性如图 2-9 所示。这样就保证了发射结加的是正向电压（正向偏置），集电结加的是反向电压（反向偏置），这是三极管实现电流放大作用的外部条件。调整电阻 R_b，则基极电流 I_B、集电极电流 I_C 和发射极电流 I_E 都会发生变化。基极电

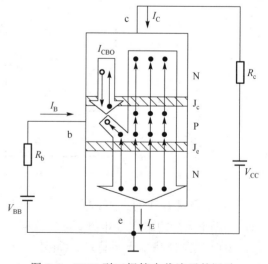

图 2-9　NPN 型三极管中载流子的运动

流较小的变化可以引起集电极电流较大的变化。也就是说，基极电流对集电极电流具有小量控制大量的作用，这就是三极管的电流放大作用(实质是控制作用)，实现过程如下。

(1)发射区向基区扩散电子。

(2)电子在基区扩散和复合。

(3)集电区收集从发射区扩散过来的电子。

2.2.2　三极管的输入和输出特性

三极管的特性曲线是描述各电极电流和电压之间的关系曲线，它反映了三极管各电极电压与电流之间的关系。由于三极管有三个电极，在使用时用它组成输入回路和输出回路，因此有输入特性曲线和输出特性曲线之分。下面对最常用的 NPN 型三极管共射极特性曲线进行讨论。

1．输入特性曲线

输入特性是指当集电极与发射极间电压 u_{CE} 为某一常数时，三极管输入回路中电流和电压之间的关系曲线，如图 2-10 所示。其函数表达式为 $i_B = f(u_{BE})|_{u_{CE}=常数}$。

2．输出特性曲线

输出特性曲线反映的是以基极电流 i_B 为参变量，集电极电流 i_C 和管压降 u_{CE} 之间的关系，如图 2-11 所示。其函数表达式为 $i_C = f(u_{CE})|_{i_B=常数}$。

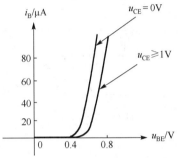

图 2-10　输入特性曲线

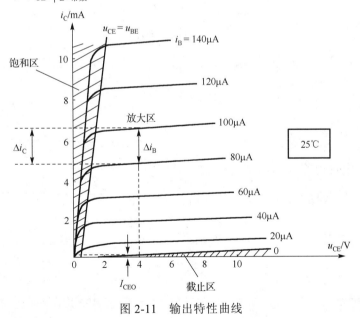

图 2-11　输出特性曲线

2.2.3　共发射极基本放大电路

共发射极基本放大电路如图 2-12 所示。

放大电路的基本分析方法包括静态分析和动态分析。

1. 静态分析

静态情况下放大器各直流电流的通路称为放大器的直流通路。画直流通路的原则是：耦合电容、旁路电容视为开路；电感视为短路。这样可得单管共射极放大电路的直流通路，如图 2-13 所示。

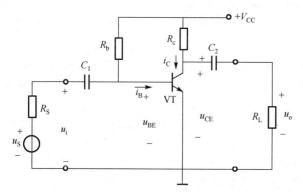

图 2-12　共发射极基本放大电路　　　　图 2-13　共发射极基本放大电路直流通路

(1) 估算法，公式如下：

$$I_{BQ} = \frac{V_{CC} - U_{BEQ}}{R_b} \approx \frac{V_{CC}}{R_b}$$

$$I_{CQ} = \beta I_{BQ}$$

$$U_{CEQ} = V_{CC} - I_{CQ}R_c$$

静态分析就是确定放大电路的静态值 I_{BQ}、I_{CQ}、U_{CEQ}，即静态工作点 Q。硅管一般取 $U_{BEQ} \approx 0.7V$，锗管一般取 $U_{BEQ} \approx 0.3V$。

(2) 图解法，公式如下：

$$i_C = \frac{V_{CC}}{R_c} - \frac{U_{CE}}{R_c}$$

该方程反映到输出特性曲线上为过 $(0, \frac{V_{CC}}{R_c})$ 和 $(V_{CC}, 0)$ 两点的一条直线，其斜率为 $-\frac{1}{R_c}$（由集电极负载电阻 R_c 决定），称为直流负载线，如图 2-14 所示。

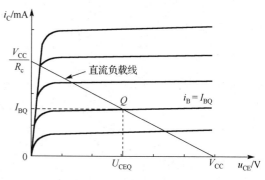

图 2-14　直流负载线

2. 动态分析

为了分析放大电路的动态工作情况，计算放大电路的放大倍数，要按交流信号在电路中流通的路径画出交流通路。画交流通路的原则是：耦合电容、旁路电容视为短路；由于直流电压源对交流的内阻很小，也可视为短路。这样可得图 2-15 所示的交流通路。

当 U_{CE} 为常数时，从输出端 c、e 极看，三极管就成为一个受控电源。这样，三极管微变等效电路如图 2-16 所示。

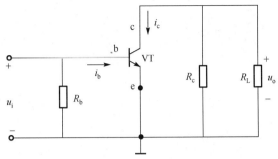

图 2-15 共发射极基本放大电路交流通路

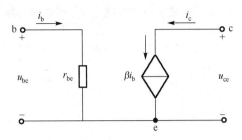

图 2-16 三极管微变等效电路

微变就是微小变化，如果在合适的静态工作点附近，在微小变化信号的条件下，三极的输入特性曲线可以近似视为线性的。对于三极管的输入端口，可以用线性电阻 r_{be} 来表示输入电压与输入电流的关系。对于低频小功率三极管，线性电阻 r_{be} 可写成 $r_{be} = r_{bb'} + (1+\beta)\dfrac{26mA}{I_E}$。$r_{bb'}$ 是一个与工作状态无关的常数，通常取 $100 \sim 300\Omega$。

$$u_i = i_b r_{be}, \quad u_o = -\beta i_b (R_c // R_L)$$

$$A_u = \frac{u_o}{u_i} = \frac{-\beta i_b (R_c // R_L)}{i_b r_{be}} = -\frac{\beta(R_c // R_L)}{r_{be}} = -\frac{\beta R_L'}{r_{be}}$$

$$R_L' = R_c // R_L$$

稳定静态工作点的典型电路如图 2-17 所示。

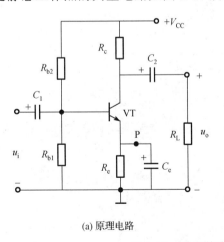

(a) 原理电路

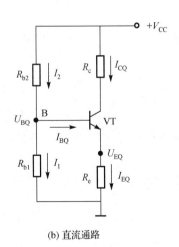

(b) 直流通路

图 2-17 稳定静态工作点的典型电路

图 2-17 的电路中，如果 R_{b1}、R_{b2} 和 V_{CC} 取值合适，使 R_{b1} 上的电流远大于 i_B，则三极管基极电位 $u_B \approx V_{CC}\dfrac{R_{b1}}{R_{b1}+R_{b2}}$，近似恒定不变。这样，三极管的集电极电流 $i_C \approx i_E = \dfrac{U_E}{R_E}$ 就近似恒定不变，从而实现电路工作点的稳定。

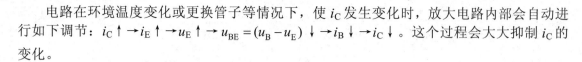

电路在环境温度变化或更换管子等情况下，使 i_C 发生变化时，放大电路内部会自动进行如下调节：$i_C \uparrow \rightarrow i_E \uparrow \rightarrow u_E \uparrow \rightarrow u_{BE} = (u_B - u_E) \downarrow \rightarrow i_B \downarrow \rightarrow i_C \downarrow$。这个过程会大大抑制 i_C 的变化。

2.2.4 共集电极和共基极放大电路

1. 共集电极放大电路

共集电极放大电路中，集电极作为输入、输出回路的公共电极，用 V_{CC} 表示。电路组成如图 2-18 所示。

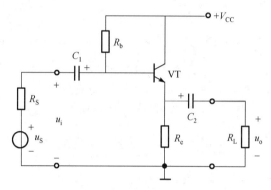

图 2-18 共集电极放大器

对共集电极放大电路做静态分析，求静态工作点。在基极回路中，根据基尔霍夫电压定律可列出方程：

$$V_{CC} = I_{BQ}R_b + U_{BEQ} + I_{EQ}R_e$$

$$I_{EQ} = (1+\beta)I_{BQ}$$

由此可得

$$I_{BQ} = \frac{V_{CC} - U_{BEQ}}{R_b + (1+\beta)R_e}$$

$$U_{CEQ} = V_{CC} - I_{EQ}R_e \approx V_{CC} - I_{CQ}R_e$$

对共集电极放大电路做动态分析，图 2-19(a) 为其交流通路，图 2-19(b) 为微变等效电路。

由图 2-19(b) 所示的输入回路可得

$$u_i = i_b r_{be} + i_e R'_L = i_b r_{be} + i_b(1+\beta)R'_L$$

其中

$$R'_L = R_e // R_L$$

由图 2-19(b) 所示的输出回路可得

$$u_o = i_e R'_L = i_b(1+\beta)R'_L$$

电压放大倍数为

$$A_u = \frac{u_o}{u_i} = \frac{i_b(1+\beta)R_L'}{i_b r_{be} + i_b(1+\beta)R_L'} \approx \frac{\beta R_L'}{r_{be} + \beta R_L'} < 1$$

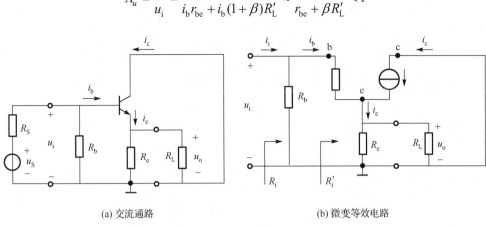

(a) 交流通路　　　　　　　　　　　　(b) 微变等效电路

图 2-19　共集电极放大器动态分析

一般 $\beta R_L' \gg r_{be}$，故有 $A_u \approx 1$，即共集电极放大电路的电压放大倍数接近于 1，且输出电压与输入电压同相。因此共集电极放大电路也称射极跟随器，没有电压放大作用，但有电流放大和功率放大作用。

输入电阻 R_i 为

$$R_i = \frac{u_i}{i_i} = R_b // [r_{be} + (1+\beta)R_L']$$

当 $\beta \gg 1$ 时，$(1+\beta)R_L' \approx \beta R_L' \gg r_{be}$，$R_i \approx R_b // \beta R_L'$，输入电阻大。

输出电阻 R_o 为

$$R_o \approx \frac{R_S // R_b + r_{be}}{1+\beta}$$

2. 共基极放大电路

共基极放大电路如图 2-20(a)所示。图中 R_{b1}、R_{b2} 为上、下偏置电阻，R_c 是集电极直流负载电阻，R_e 是发射极电阻(作用是稳定静态工作点)，C_b 是基极交流旁路电容，C_1、C_2 是耦合电容。输入回路由三极管的发射极和基极组成，输出回路由集电极和基极组成，基极为公共端。

共基极放大电路的直流通路与射极偏置电路相同，如图 2-20(b)所示。根据基尔霍夫电压定律求静态工作点。

$$U_{BQ} = \frac{R_{b2}}{R_{b1} + R_{b2}} V_{CC}$$

$$I_{CQ} \approx I_{EQ} = \frac{U_{BQ} - U_{BEQ}}{R_e}$$

$$U_{CEQ} = V_{CC} - I_{CQ}R_c - I_{EQ}R_e \approx V_{CC} - I_{CQ}(R_c + R_e)$$

对共基极放大电路做动态分析，图 2-20(c)对应的是其交流通路。

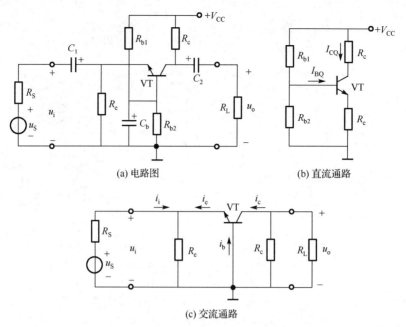

(a) 电路图　　　　　　　　　　(b) 直流通路

(c) 交流通路

图 2-20　共基极放大电路

由图 2-20(c)所示的输入回路可得

$$u_i = -i_b r_{be}$$

由输出回路可得

$$u_o = -i_c R'_L = -\beta i_b R'_L$$

电压放大倍数为

$$A_u = \frac{u_o}{u_i} = \frac{-\beta i_b R'_L}{-i_b r_{be}} = \frac{\beta R'_L}{r_{be}}$$

输入电阻 R_i 为

$$R_i = \frac{u_i}{i_i} = R_e // \frac{r_{be}}{1+\beta} \approx \frac{r_{be}}{1+\beta}$$

输出电阻 R_o 为

$$R_o \approx R_c$$

》》 任务实施

设备要求

(1) PC 一台。

(2) Multisim 软件。

实施步骤

(1) 按图 2-21 绘制仿真测试电路。

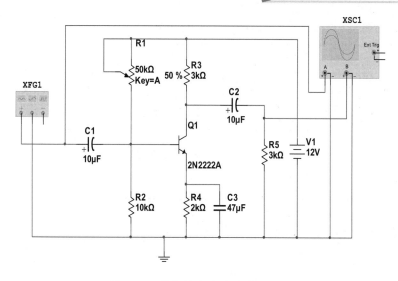

图 2-21 单管放大电路仿真测试图

(2)利用 Multisim 的直流工作点分析功能测试电路的静态工作点，将值填入表 2-2 中。

表 2-2 静态工作点测试记录表

测 量 值				计 算 值		
U_{BQ}/V	U_{EQ}/V	U_{CQ}/V	$R_{b2}/k\Omega$	U_{BEQ}/V	U_{CEQ}/V	I_{CQ}/mA

(3)在仿真测试电路中接入虚拟仪表测量三极管的 U_{BEQ}、I_{BQ} 和 U_{CEQ}，进行对比。

(4)在放大电路输入端加入 1kHz、10mV 的正弦信号 u_i，观察放大器输出电压 u_o 波形，在波形不失真的条件下，测量输出电压 u_o，将测量结果填入表 2-3 中。

表 2-3 电压放大倍数测试记录表（u_i=10mV，f=1kHz）

u_o/V	A_u	u_o 和 u_i 波形

(5)调节电位器 R_1，改变其大小，观察 Q 点和 u_o 波形的变化情况；

(6)观察静态工作点对输出波形失真的影响。

结论：集电极对基极电流_____（有/无）放大作用，输出相位_____（相同/相反）。

任务评价

任务 2.2 评价表如表 2-4 所示。

表 2-4　任务 2.2 评价表

任　　务	内　　容	分　值	考 核 要 求	得　　分
放大电路仿真	1. 各元器件参数选择 2. 仿真测试	30	能正确选择仿真测试电路中各元器件参数，并仿真通过	
放大电路测试	1. 测量电路的静态工作点 2. 调整放大电路，观察放大器输出电压波形	50	调整电路，观察并总结输出波形变化	
态度	1. 积极性 2. 遵守安全操作规程 3. 纪律和卫生情况	20	积极参加训练，遵守安全操作规程，保持工位整洁，有良好的职业道德及团队精神	
合计		100		

任务 2.3　多级放大电路的设计与测试

任务分析

通过前面学习的几种单级放大电路，我们了解到在一般情况下，放大器的输入信号都很微弱，为毫伏或微伏级，输入功率常在 1mW 以下。单级放大电路的放大倍数仅几十倍到一百多倍，输出的电压和功率都不大。为推动负载工作，必须把几个单级放大电路连接起来，逐级放大微弱信号，方可在输出端获得必要的电压幅值或足够的功率。多级放大电路结构图如图 2-22 所示。

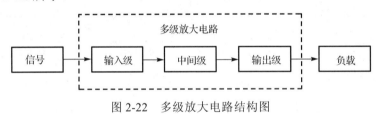

图 2-22　多级放大电路结构图

知识链接

2.3.1　多级放大电路的耦合

在多级放大电路中，每两个单级放大电路之间的连接方式称为耦合。耦合方式有直接耦合、阻容耦合和变压器耦合三种，如图 2-23 所示。前两种只能放大交流信号，后一种既能放大交流信号又能放大直流信号。

2.3.2　多级放大电路的性能分析

多级放大电路的框图如图 2-24 所示。

多级放大电路的分析方法与单级放大电路基本相同，一般采用微变等效电路法。在考虑级间影响的情况下，将多级放大电路分成若干单级放大电路分别研究，然后再将结果加以综合，得到多级放大电路总的特性，即把复杂的多级放大电路的分析归结为若干单级放大电路的分析。

$$A_u = \frac{u_o}{u_i} = \frac{u_{o1}}{u_{i1}} \frac{u_{o2}}{u_{i2}} \cdots \frac{u_{on}}{u_{in}} = A_{u1} A_{u2} \cdots A_{un}$$

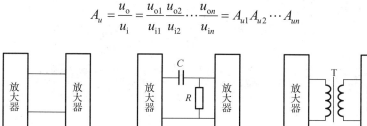

(a) 直接耦合　　　　　(b) 阻容耦合　　　　　(c) 变压器耦合

图 2-23　多级放大电路的耦合方式

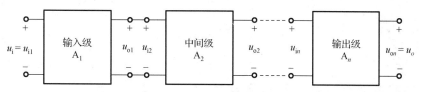

图 2-24　多级放大电路框图

　　一般来说，多级放大电路的输入电阻就是输入级的输入电阻，而输出电阻就是输出级的输出电阻。由于多级放大电路的放大倍数为各级放大倍数的乘积，所以，在设计多级放大电路的输入级和输出级时，主要考虑输入电阻和输出电阻的要求，而放大倍数的要求由中间级完成。

任务实施

设备要求

（1）PC 一台。

（2）Multisim 软件。

实施步骤

（1）打开 Multisim 软件，按图 2-25 连接仿真测试电路。

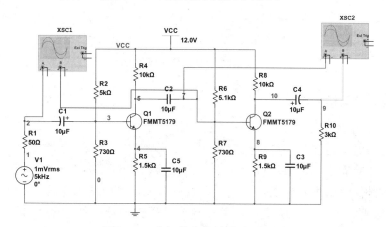

图 2-25　多级放大电路仿真测试图

(2)观察实验现象并记录。

结论：多级放大电路放大倍数与第一级和第二级放大电路放大倍数的关系是_____。

任务 2.4 差动电路的设计与测试

▶ 任务分析

零点漂移是如图 2-23(a)所示的直接耦合放大电路存在的一个特殊问题。抑制零点漂移的措施之一就是采用差动放大电路。本任务通过差动放大电路的设计和仿真测试，学习差动电路的分析、测试方法。

▶ 知识链接

2.4.1 直接耦合放大电路的零点漂移

1. 零点漂移现象

零点漂移是指放大电路在输入端短路(没有输入信号输入)时用灵敏的直流电压表测量输出端，也会有变化缓慢的输出电压产生，如图 2-26 所示。零点漂移产生的信号会逐级传递，经过多级放大后，在输出端成为较大的信号。如果有效信号较弱，存在零点漂移现象的直接耦合放大电路中，漂移电压和有效信号电压混杂在一起被逐级放大，当漂移电压大小可以和有效信号电压相比时，则很难在输出端分辨出有效信号的电压。在漂移现象严重的情况下，往往会使有效信号"淹没"，使放大电路不能正常工作。因此，必须找出产生零点漂移的原因和抑制零点漂移的方法。

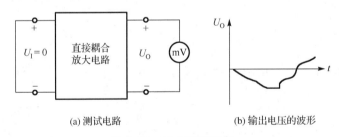

(a) 测试电路　　　　　　　　　　(b) 输出电压的波形

图 2-26　零点漂移现象

2. 零点漂移产生的原因

产生零点漂移的原因很多，主要有三个方面：

(1)由于电源电压的波动，将造成输出电压漂移。

(2)电路元件的老化，也将造成输出电压的漂移。

(3)半导体器件随温度变化而产生变化，也将造成输出电压的漂移。温度变化是产生零点漂移的主要原因，也是最难克服的因素。这是由于半导体器件对温度非常敏感，而温度又很难维持恒定造成的。当环境温度变化时，将引起三极管参数 u_{BE}、β、I_{CBO} 的变化，从而使放大电路的静态工作点发生变化，而且由于级间耦合采用直接耦合方式，这种变化将逐级放大和传递，最后导致输出端的电压发生漂移。直接耦合放大电路的级数越多，放大倍数越大，则零点漂移越严重，并且在各级产生的零点漂移中，第一级产生零点漂移影响最大，因此，减小零点漂移的关键是改善放大电路第一级的性能。

3．抑制零点漂移的措施

抑制零点漂移的措施具体有以下几种。

(1)选用高质量的硅管。硅管的 I_{CBO} 要比锗管小好几个数量级，因此目前高质量的直流放大电路几乎都采用硅管。

(2)在电路中引入直流负反馈，稳定静态工作点。

(3)采用温度补偿。补偿是指用另外一个元器件的漂移来抵消放大电路的漂移，例如，使用具有负温度系数的热敏电阻。如果参数配合得当，就能把漂移抑制在较低的限度之内。

(4)采用调制手段，调制是指将直流变化量转换为其他形式的变化量，并通过漂移很小的阻容耦合电路放大，再设法将放大了的信号还原为直流成分的变化。这种方式电路结构复杂、成本高、频率特性差。

(5)采用差动放大电路。在集成电路内部应用最广的单元电路就是基于参数补偿原理构成的差动放大电路，抑制零点漂移比较常用的方法就是采用差动放大电路。

2.4.2 典型差动放大电路的组成及特点

1．典型的差动放大电路的组成

典型的差动放大电路如图 2-27 所示，它由两个对称的放大器组合而成，一般采用正、负两个极性的电源供电。它分别有两个输入和输出端，具有灵活的输入、输出方式。

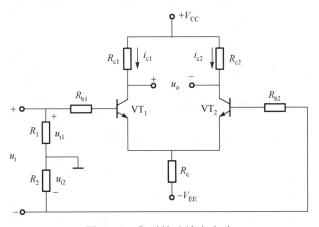

图 2-27 典型差动放大电路

2．差动放大电路的特点

差动放大电路有以下几个特点：

(1)差动放大电路对零点漂移在内的共模信号有抑制作用。

(2)差动放大电路对差模信号有放大作用。

(3)共模负反馈电阻 R_e 的作用：①稳定静态工作点；②对差模信号无影响；③对共模信号有负反馈作用：R_e 越大对共模信号的抑制作用越强，也可能使电路的放大能力变差。负反馈我们将在下一节讲到。

在静态时，$u_{i1} = u_{i2} = 0$，此时由电源 $-V_{EE}$ 通过电阻 R_e 和两管发射极提供两管的基极电流。由于电路的对称性，两管的集电极电流相等，集电极电位也相等，即

$$i_{c1} = i_{c2}, \quad U_{CQ1} = U_{CQ2}$$

输出电压为

$$u_o = U_{CQ1} - U_{CQ2} = 0$$

因为 VT1、VT2 完全对称，当电源电压波动或温度变化时，两管同时发生漂移，由于电路的对称性，总有 $U_{CQ1} = U_{CQ2}$，故 $u_o = U_{CQ1} - U_{CQ2}$ 仍为零。这就说明，零点漂移因相互补偿而抵消了。显然，这种差动放大电路两边的对称性越好，其抑制零点漂移的效果越好。

2.4.3　差动放大电路的输入和输出方式

差动放大电路可以有两个输入端：同相输入端和反相输入端。根据规定的正方向，在某输入端加上一定极性的信号，如果输出信号的极性与其相同，则该输入端称为同相输入端。反之，如果输出信号的极性与其相反，则该输入端称为反相输入端。

信号的输入方式：若信号同时加到同相输入端和反相输入端，称为双端输入；若信号仅从一个输入端加入，称为单端输入。

信号的输出方式：差动放大电路可以有两个输出端，即集电极 c1 和 c2。从 c1 和 c2 输出称为双端输出；仅从集电极 c1 或 c2 对地输出称为单端输出。

按信号的输入、输出方式，或输入端与输出端接地情况的不同，差动放大电路有四种接法：双端输入、双端输出，双端输入、单端输出，单端输入、双端输出，单端输入、单端输出。

通过发射极电阻 R_e 的耦合总可以将单端输入转化为双端输入，所以只需按照单端输出与双端输出两种形式来考虑差动放大器的放大功能。差动放大电路的四种接法见图 2-28 所示。

2.4.4　差动放大电路的动态性能指标

差动放大电路的动态性能指标主要有共模电压放大倍数、差模电压放大倍数、差模输入电阻及输出电阻、共模抑制比等。

1. 共模放大倍数 A_{uc}

先求单端输出时的共模放大倍数。图 2-29 为输入共模信号电压时的等效电路，因两管电流同时增大 $\Delta i_C (\Delta i_C \approx \Delta i_E)$，所以公用电阻 R_e 中的电流增量为 $2\Delta i_E$，由此可得电压方程

$$\Delta u_{ic} = \Delta i_B R_b + \Delta u_{BE} + 2\Delta i_E R_e = \Delta i_B R_b + \Delta i_B r_{be} + 2\Delta i_B R_e (1 + \beta)$$
$$\Delta u_{oc1} = \Delta u_{oc2} = -\Delta i_C R_c = -\beta \Delta i_B R_c$$

所以，单端输出时的共模电压放大倍数为

$$A_{uc1} = \frac{\Delta u_{oc}}{\Delta u_{ic}}1 = \frac{-\beta\Delta i_B R_c}{\Delta i_B R_b + \Delta i_B r_{be} + 2\Delta i_B R_e(1+\beta)} = -\frac{\beta R_c}{R_b + r_{be} + 2R_e(1+\beta)}$$

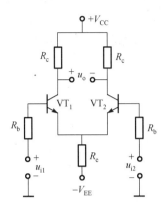

(a) 双端输入、双端输出

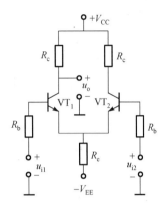

(b) 双端输入、单端输出

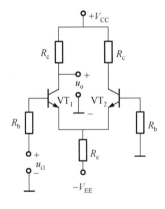

(c) 单端输入、单端输出

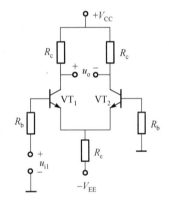

(d) 单端输入、双端输出

图 2-28　差动放大电路的四种接法

R_e 越大，A_{uc1} 越小，抑制共模信号的能力越强。而双端输出时，由于 $\Delta u_{oc2} = 0$，所以差动放大电路在双端输出时，若电路参数完全对称，则共模电压放大倍数为零。

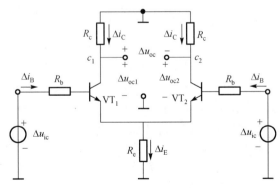

图 2-29　共模输入时的等效电路

2．差模放大倍数 A_{ud}

输入差模信号时，其中一管集电极电流增加 $\Delta i_{C1} \approx \Delta i_{E1}$，另一管集电极电流减少 $\Delta i_{C2} \approx \Delta i_{E2}$，在电路完全对称的条件下，一管电流的增加量必等于另一管的电流减少量公共发射极电位恒定。由此可见双端输入、双端输出的差模等效电路如图2-30所示。

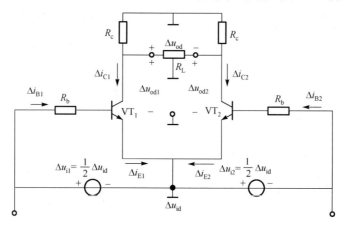

图 2-30　差模等效电路

不考虑接入负载 R_L 的情况，由等效电路得

$$\Delta i_{B1} = \frac{\Delta u_{i1}}{R_b + r_{be}}$$

$$\Delta i_{C1} = \beta \Delta i_{B1}$$

$$\Delta u_{od1} = -\Delta i_{C1} R_c = -\frac{\beta R_c}{R_b + r_{be}} \Delta u_{i1}$$

$$\Delta u_{od2} = -\Delta i_{C2} R_c = -\frac{\beta R_c}{R_b + r_{be}} \Delta u_{i2}$$

输出电压为

$$\Delta u_{od} = \Delta u_{od1} - \Delta u_{od2} = -\frac{\beta R_c}{R_b + r_{be}} (\Delta u_{i1} - \Delta u_{i2})$$

则差模电压放大倍数为

$$A_{ud} = \frac{\Delta u_{od}}{\Delta u_{id}} = \frac{\Delta u_{od}}{\Delta u_{i1} - \Delta u_{i2}} = -\frac{\beta R_c}{R_b + r_{be}}$$

当在两个三极管集电极之间接入负载电阻 R_L 时，由于输入差模信号使得一管集电极电位降低，另一管集电极电位升高，可认为 R_L 中点处的电位保持不变，也就是说，在 $R_L/2$ 处相当于交流接地。当考虑 R_L 时，上式可改为

$$A_{ud} = -\frac{\beta \left(R_c /\!/ \dfrac{R_L}{2} \right)}{R_b + r_{be}}$$

可见，双端输入、双端输出的差动放大电路的电压放大倍数与单管放大电路相同。即用成倍元器件为代价，换取对共模信号的抑制效果。

3. 差模输入电阻及输出电阻

不论是单端输入还是双端输入，差模输入电阻 R_{id} 都是基本放大电路的两倍，即 $R_{id} = 2(R_b + r_{be})$。

单端输出时，$R_o = R_c$；

双端输出时，$R_o = 2R_c$。

4. 共模抑制比 K_{CMR}

所谓共模抑制比，就是差动放大电路的差模放大倍数与共模放大倍数之比的绝对值，即

$$K_{CMR} = \left| \frac{A_{ud}}{A_{uc}} \right|$$

用分贝来表示，有

$$K_{CMR} = 20\lg \left| \frac{A_{ud}}{A_{uc}} \right| (db)$$

共模抑制比是衡量差动放大电路性能优劣的重要指标之一。共模抑制比越大，说明放大电路对共模信号的抑制能力越强，电路受共模信号干扰的影响越小，放大电路质量越好。

在理想状态下，差动放大电路两侧的参数完全对称，两管输出端的共模信号相等，则双端输出电路的共模电压放大倍数为 0，共模抑制比 $K_{CMR}=\infty$。单端输出时共模抑制比为

$$K_{CMR} = \frac{-\beta R_L' / 2(R_b + r_{be})}{-R_L' / 2R_c} \approx \frac{\beta R_c}{R_b + r_{be}}$$

》 任务实施

设备要求

（1）PC 一台。

（2）Multisim 软件。

实施步骤

（1）打开 Multisim 软件，按图 2-31 连接仿真测试电路。

（2）观察实验现象并记录。

（3）静态工作点分析。信号源先不接入回路中，将输入端对地短接，用万用表测量两个输出节点，调节三极管的射极电位，使万用表的示数相同，即调整电路使左右完全对称。零点调好以后，可以用万用表测量 Q1、Q2 各电极电位，测得 $I_{BQ1} = $_____、$I_{CQ1} = $_____、$U_{CEQ} = $_____。

（4）测量差模放大倍数。将函数信号发生器 XFG1 的"+"端接放大电路的 R1 输入端，"–"端接 R2 输入端，COM 端接地。调节信号频率为 1kHz，输入电压为 10mV，调入双踪

示波器，分别接输入、输出，观察波形变化，记录示波器观察到的差分放大电路输入、输出波形。

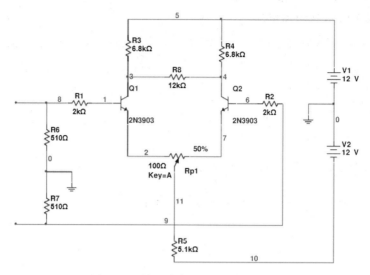

图 2-31　差动放大电路仿真测试图

任务 2.5　负反馈电路的设计与测试

▶ 任务分析

反馈是指将输出信号取出一部分或者全部通过反馈网络送回到放大电路的输入回路，与原输入信号相加或相减后再作用到放大电路的输入端的过程。

本任务通过反馈放大电路的设计和仿真测试，学习反馈放大电路的分析、测试方法。

▶ 知识链接

2.5.1　反馈的类型与作用

1. 按极性不同，反馈分为正反馈和负反馈

如果引入反馈信号后净输入信号增强，则称正反馈，如图 2-32 所示；如果引入反馈信号后净输入信号减弱，则称负反馈，如图 2-33 所示。

在放大电路中引入正反馈不仅不能稳定输出信号，还会进一步加剧输出信号的变化，甚至产生自激振荡而破坏放大电路的正常工作。因此在放大电路中较少使用正反馈，正反馈多用于振荡电路、电压-电流转换电路等。负反馈在各种放大电路中，常用于稳定工作点、稳定放大倍数和放大量，以及防止自激和补偿温度漂移等。

2. 按反馈信号的不同，反馈分为交流和直流反馈

根据反馈信号本身的交、直流性质，反馈可以分为直流反馈和交流反馈。如果反馈电

路中参与反馈的各个电量都为直流成分，则称直流反馈，常用于稳定静态工作点；若反馈电路中参与反馈的各个电量都为交流成分，则称交流反馈，常用于改善放大电路的动态性能。在很多情况下，交、直流两种信号反馈兼而有之。

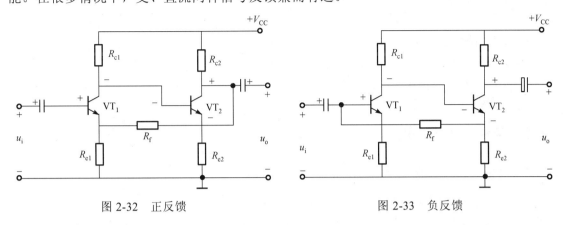

图 2-32 正反馈   图 2-33 负反馈

图 2-34 所示为静态工作点稳定电路。如果旁路电容足够大，使其两端的交流分量可以忽略，则引入的为直流反馈。直流反馈的作用是稳定静态工作点，而对于放大电路的各项动态性能(如放大倍数、通频带、输入输出电阻等)没有影响。同时，R_e 对交流信号同样具有负反馈作用。各种不同类型的交流反馈将对放大电路的各项动态性能产生不同的影响，是改善电路技术指标的主要手段。

3．按采样方式的不同，反馈分为电压和电流反馈

若反馈信号直接取自输出端负载两端的电压，则称电压反馈；若取的是电流，则称电流反馈。放大电路中引入电压反馈将使输出电压保持稳定，其效果是减小了电路的输出电阻；而电流负反馈将使输出电流保持稳定，因此增大输出电阻。

如图 2-35 所示，从放大电路的输出端看，反馈电压 $u_f = i_C R_e$ 取自输出电流 i_C (即流过 R_L 的电流)，故为电流反馈；

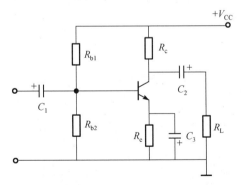

图 2-34 静态工作点稳定电路

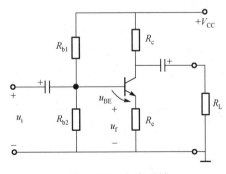

图 2-35 电流反馈

如图 2-36 所示，从放大电路的输出端看，反馈电流 $i_f = \dfrac{u_{BE} - u_o}{R_f} \approx -\dfrac{u_o}{R_f}$，取自输出电压 u_o，故为电压反馈。

4. 按叠加方式的不同，反馈分为串联和并联反馈

根据输入端与输入信号连接方式的不同，可确定是串联反馈还是并联反馈。反馈信号在输入端以电压的形式出现，且与输入电压是串联起来加到放大器输入端的，称为串联反馈；反馈信号在输入端以电流的形式出现，且与输入电流并联作用于放大器输入端，称为并联反馈。

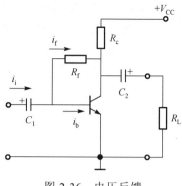

图 2-36　电压反馈

2.5.2　反馈类型的判断

1. 判断正反馈和负反馈

正负反馈可采用瞬时极性法判断。即首先假设输入信号的瞬时极性为正，然后逐步推断各级放大电路中相关点信号的瞬时极性，最后观察引入输入回路中的反馈信号的瞬时极性是增强还是削弱了外加输入信号的作用。若反馈信号增强了输入信号的作用，则为正反馈；若削弱了输入信号的作用，则为负反馈。

若反馈是在三极管电路中分析的，则瞬时极性如图 2-37 所示。

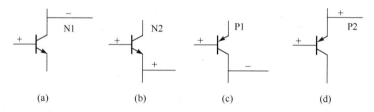

图 2-37　三极管瞬时极性

对于三极管：基极 b 输入、集电极 c 输出为共射组态接法，彼此极性相反；基极 b 输入、发射极 c 输出为射极跟随，彼此极性相同。判断方法：反馈回基极，同极性为正反馈，反馈回发射极，同极性为负反馈。

利用瞬时极性法判断负反馈与正反馈的步骤：

(1)设接"地"参考点的电位为零。

(2)若电路中某点的瞬时电位高于参考点(对交流为电压的正半周)，则该点电位的瞬时极性为正；反之为负。

(3)若反馈信号与输入信号加在不同输入端(或两个电极)上，两者极性相同时，为负反馈；反之，极性相反为正反馈

(4)若反馈信号与输入信号加在同一输入端(或同一电极)上，两者极性相反时，为负反馈；反之，为正反馈。

2. 判断直流反馈与交流反馈

判断直流反馈与交流反馈很简单，关键看和反馈元件串联或并联的电容。由于电容有"隔直通交"的作用，使得反馈信号中的交直流成分不同。如果反馈回路中有电容则为直流

反馈，其作用为稳定静态工作点；如果回路中串联电容，则为交流反馈，改善放大电路的动态性能；如果反馈回路中只有电阻或只有导线，则反馈为交直流共存。

如图 2-38 所示，交、直流分量的信号均可通过 R_e，所以 R_e 引入的是交直流反馈。如果有发射旁路电容，R_e 中仅有直流分量的信号通过，这时 R_e 引入的则是直流反馈。

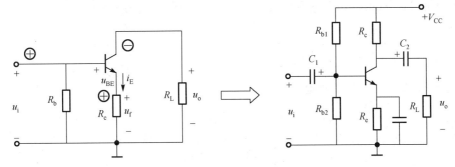

图 2-38　交流通路

3. 判断电压反馈与电流反馈

判断电压反馈与电流反馈的方法为找输出。即根据放大电路标注的输出，确定直接输出端和间接输出端。

若反馈元件直接接放大电路的输出端则为电压反馈；若反馈元件间接接输出端则为电流反馈，如图 2-39 所示。

4. 判断串联反馈与并联反馈

反馈的串并联类型是指反馈信号影响输入信

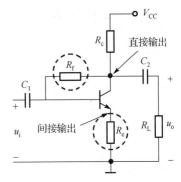

图 2-39　R_f 为电压反馈，R_e 为电流反馈

号的方式，即在输入端的连接方式。判断串联与并联反馈最直接的方法是：若反馈元件的另一端与非输入端相连，则为串联反馈，如图 2-40 中的输入电压信号 u_{be1} 和反馈信号 $u_f = u_{e1}$ 的连接形式。若反馈元件另一端直接与放大器输入端相连，则为并联反馈，如图 2-41 中的输入电流 i_{b1} 和 i_f 的连接形式。综上所述，反馈信号如果引回到输入回路的发射极即为串联反馈，引回到基极即为并联反馈。

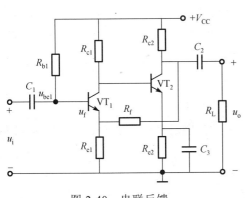

图 2-40　串联反馈

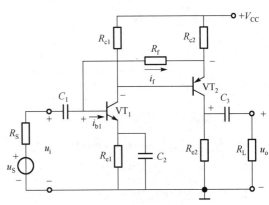

图 2-41　并联反馈

2.5.3　负反馈放大电路的四种基本组态

负反馈在电子电路中有着非常广泛的应用，虽然它使放大器的放大倍数降低，但能在多方面改善放大器的动态指标，如稳定放大倍数，改变输入、输出电阻，减小非线性失真和展宽通频带等。因此，几乎所有的实用放大器都带有负反馈。

1. 负反馈放大器的方框图

负反馈放大器的方框图如图 2-42 所示。

2. 负反馈放大器的四种组态

负反馈放大器有四种组态：电压串联负反馈，电压并联负反馈，电流串联负反馈，电流并联负反馈。直流负反馈用于稳定静态工作点，一般无须分析它的组态。

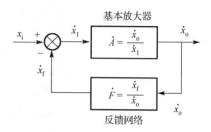

图 2-42　负反馈放大器方框图

2.5.4　负反馈对放大器性能的影响

1. 提高增益的稳定性

加入负反馈后，放大器相应组态下的增益稳定性得到提高，电压负反馈稳定输出电压。电流负反馈稳定输出电流。

(1)放大器中加入电压串联负反馈后，其电压增益的稳定性得到提高，提高的程度与反馈深度有关。

(2)放大器中加入电压并联负反馈后，其互阻增益的稳定性得到提高，提高的程度与反馈深度有关。

(3)放大器中加入电流并联负反馈后，其电流增益的稳定性得到提高，提高的程度与反馈深度有关。

(4)放大器中加入电流串联负反馈后，其互导增益的稳定性得到提高，提高的程度与反馈深度有关。

由上可知：放大器引入的反馈组态不同，稳定的增益形式也不同。

2. 减小非线性失真

电路加入负反馈后一般可以比较明显地改善波形的非线性失真，如图 2-43 所示。但是要说明的是，负反馈只能减小由于器件本身的非线性引起的失真，而对于输入信号本身就有失真的情况无能为力。

3. 扩展通频带 BW

加入负反馈后，电路的通频带将展宽。由于电路自身的增益带宽积是固定的，因此放大倍数将会减小，如图 2-44 所示。

4. 改变放大电路的输入电阻和输出电阻

(1)串联负反馈增大输入电阻：

$$R_{if} = \frac{u_i}{i_i} = \frac{u_{id} + u_f}{i_i} = \frac{u_{id} + AFu_{id}}{i_i} = (1 + AF)\frac{u_{id}}{i_i}$$

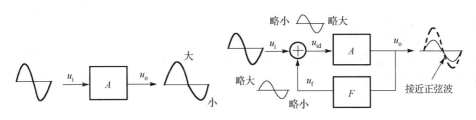

(a) 无反馈时   (b) 有反馈时

图 2-43 负反馈减小非线性失真示意图

$$R_{if} = (1 + AF)R_i$$

深度负反馈时，有

$$R_{if} \to \infty$$

(2) 并联负反馈减小输入电阻：

$$R_{if} = \frac{u_i}{i_i} = \frac{u_{id}}{i_{id} + i_f} = \frac{u_{id}}{i_{id} + +AFi_{id}} = (1 + AF)\frac{u_{id}}{i_{id}}$$

$$R_{if} = \frac{R_i}{1 + AF}$$

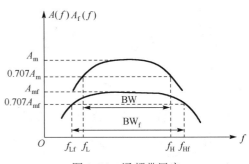

图 2-44 通频带展宽

深度负反馈时，有

$$R_{if} \to 0$$

(3) 电压负反馈减小输出电阻

$$R_{of} = \frac{R_o}{1 + A'F}$$

A' 为负载开路时的源电压放大倍数。

深度负反馈时，有

$$R_{of} \to 0$$

(4) 电流负反馈增大输出电阻：

$$R_{of} = (1 + A''F)R_o$$

A'' 为负载短路时的源电压放大倍数。

深度负反馈时，有

$$R_{of} \to \infty$$

负反馈对放大器性能的改善程度均与反馈深度有关，$1 + \dot{A}\dot{F}$ 越大，改善程度越高，但是放大倍数下降越多。

> **任务实施**

设备要求

（1）PC 一台。

（2）Multisim 软件。

实施步骤

（1）打开 Multisim 软件，按图 2-45 连接仿真测试电路，暂不接 C7 和 R10。

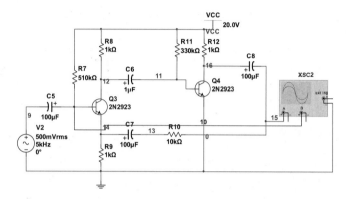

图 2-45　负反馈放大电路仿真测试图

（2）双踪示波器分别接输入和输出信号，观察波形变化，记录示波器观察到波形＿＿＿＿（失真/正常）。

（3）接入 C7 和 R10，观察波形变化，记录示波器观察到波形＿＿＿＿＿＿（失真/正常）。

（4）通过观察示波器结果，接入反馈 C7 和 R10 后，放大器增益＿＿＿＿＿＿（增大/不变/减小），说明该放大器中＿＿＿＿＿＿（引入负反馈/正反馈/无反馈）。

任务 2.6　功率放大器的设计与测试

> **任务分析**

　　各种放大电路的主要任务是放大电压信号，而功率放大电路的主要任务则是尽可能高效率地向负载提供足够大的功率。功率放大电路也常被称为功率放大器，简称功放。

> **知识链接**

2.6.1　功率放大电路概述

1. 功率放大电路的特点

功率放大电路的任务是向负载提供足够大的功率，这就要求：

(1)在不失真的前提下尽可能地输出较大功率。

由于功率放大电路在多级放大电路的输出级，信号幅度较大，功放管往往工作在极限状态。功率放大器的主要任务是为额定负载 R_L 提供不失真的输出功率，同时需要考虑功放管的失真、安全(即极限参数 P_{CM}、I_{CM}、$U_{(BR)CEO}$)和散热等问题。

(2)具有较高的效率。

由于功率放大电路输出功率较大，所以效率问题是功率放大电路的主要问题。

(3)存在非线性失真。

功率放大器中，功率放大器件处于大信号工作状态，由于器件的非线性特性，产生的非线性失真比小信号放大电路产生的失真严重得多。

2. 功率放大电路的工作状态

以三极管的静态工作点位置分，工作状态如下。

(1)甲类功放：Q 点在交流负载线的中点，如图 2-46(a)所示。

电路特点：输出波形无失真，但静态电流大，效率低。

(2)乙类功放：Q 点在交流负载线和 $I_B=0$ 输出特性曲线交点处，如图 2-46(b)所示。

电路特点：输出波形失真大，但静态电流几乎等于零，效率高。

(3)甲乙类功放：Q 点在交流负载线上略高于乙类工作点处，如图 2-46(c)所示。

电路特点：输出波形失真大，静态电流较小，效率较高。

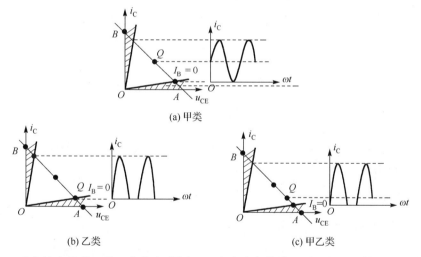

图 2-46　功率放大器的三种工作状态(图中 AB 为交流负载线，阴影部分为饱和区或截止区)

2.6.2　几种功率放大器的介绍

1. 变压器耦合功率放大器

1)变压器耦合单管功率放大器

电路如图 2-47 所示。与前面所讨论过的阻容耦合放大器相比，区别只在于将原来的 R_c 换成了一只变压器。

变压器可以耦合交流信号，同时还具有阻抗变换作用。扬声器的阻抗一般都较小，利用变压器的阻抗变换作用,可以使负载得到较大的功率。

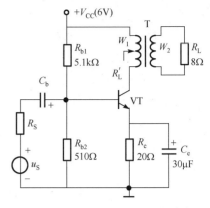

图 2-47　变压器耦合单管功率放大器

这种电路工作于甲类工作状态,静态电流比较大,因此集电极损耗较大,效率不高,大约只有 35%,一般用在功率不太大的场合。

2)变压器耦合乙类推挽功率放大器

电路如图 2-48 所示。设功放管 VT1 和 VT2 特性完全相同。输入变压器 T_1 将输入信号变换成两个大小相等、相位相反的信号,使 VT1、VT2 两管轮流导通,输出变压器 T_2 完成电流波形的合成。在正弦信号激励下,i_{B1}、i_{B2}、i_{C1}、i_{C2} 均为半个正弦波,i_L 为完整正弦波。

这种电路结构对称,两只功放管轮流导通工作、互相补偿,故称为互补对称电路(或互补推挽电路)。

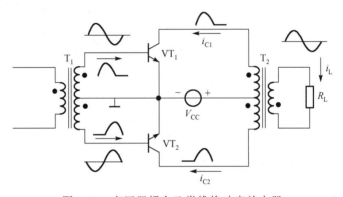

图 2-48　变压器耦合乙类推挽功率放大器

变压器耦合乙类推挽功率放大器的缺点是:变压器体积大,笨重,损耗大,频率特性差,且不便于集成化。

2．互补对称功率放大器

1)单电源互补对称功率放大器

单电源互补对称功率放大电路如图 2-49 所示。当电路对称时,输出端的静态电位等于 $V_{CC}/2$。电容器 C_L 串联在负载与输出端之间,它不仅用于耦合交流信号,而且起着等效电源的作用。这种功率放大电路称为无输出变压器互补功率放大电路,简称 OTL(output transformer less)电路。

2)双电源互补对称功率放大器

双电源互补对称功率放大电路又称无输出电容的功放电路,简称 OCL(output capacitor less)电路,如图 2-50 所示。VT$_1$ 为 NPN 型三极管,VT$_2$ 为 PNP 型三极管。两管的基极连在一起,作为信号输入端;发射极也连在一起,作为信号的输出端,直接与负载 R_L 相连。要求 VT$_1$ 和 VT$_2$ 的特性参数基本相同。两管接成射极输出器的形式是为了增强带负载能力。

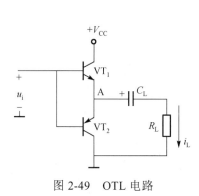

图 2-49 OTL 电路

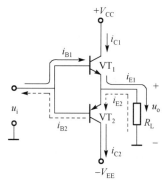

图 2-50 OCL 电路

3）桥式推挽功率放大电路

桥式推挽功率放大电路，简称 BTL 电路。该电路为单电源供电，且不用变压器和大电容。由特性对称的三极管组成，静态时管子均处于截止状态，负载上的电压为零。BTL 电路所用管子数量最多，难于做到管子特性理想对称；且管子的总损耗大，使得电路的效率降低；另外电路的输入和输出均无接地点，因此有些场合不适用。

OTL、OCL 和 BTL 电路各有优缺点，使用时应根据需要合理选择。

2.6.3 乙类功率放大电路的失真及消除方法

1. 乙类功放电路的交越失真

乙类互补对称功放电路存在一个缺点，就是输出电压 u_o 存在失真。因为三极管的输入特性曲线上有一段死区电压，而该电路工作于乙类状态，基极偏置为零。当输入电压尚小，不足以克服死区电压时，三极管基本截止，在这段区域内 $i_C = 0$，$u_o = 0$，u_o 在正负半波相交的地方出现了失真，称其为交越失真，如图 2-51 所示。

2. 消除交越失真的方法

为避免乙类互补对称功放电路的交越失真，需要采用一定的措施产生一个不大的偏流，使静态工作点稍高于截止点，即工作于甲乙类状态。此时的互补功率放大电路如图 2-52 所示，在功放管 VT_2、VT_3 基极之间加两个正向串联二极管 VD_4、VD_5，便可以得到适当的正向偏压，从而使 VT_2、VT_3 在静态时能处于微导通状态。

2.6.4 OCL 甲乙类互补对称功率放大电路

1. 电路组成及工作原理

静态时，从 $+V_{CC}$ 经过 R_1、R_2、VD_1、VD_2、R_3 到 $-V_{EE}$ 有一个直流电流，它在 VT_1 和 VT_2 两管基极间所产生的电压为 $U_{B1B2} = U_{R2} + U_{D1} + U_{D2}$

使 U_{B1B2} 略大于 VT_1 发射结和 VT_2 发射结开启电压之和，从而使两管均处于微导通状态。另外静态时应调节 R_2，使发射极电位 U_E 为 0，即输出电压 u_o 为 0。

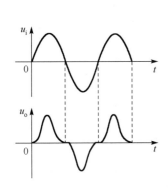

图 2-51　乙类功放电路的交越失真

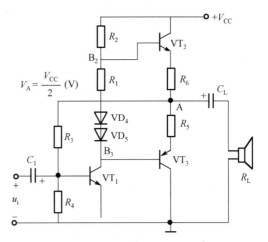

图 2-52　消除交越失真的单电源互补功率放大电路

2．分析计算，求输出功率、管耗、电源提供的功率及效率

当输入电压足够大，且又不产生饱和失真时，电路最大输出电压等于电源电压减去三极管的饱和电压，即 $V_{CC} - U_{CES}$。负载电阻上通过的电流就是管子的发射极电流。

（1）最大输出功率为 $P_{om} = \dfrac{(V_{CC} - U_{CES})^2}{2R_L}$。

（2）管耗 P_T。

每个管子的管耗为

$$P_{T1} = \frac{1}{2\pi}\int_0^\pi (V_{CC} - u_o)\frac{u_o}{R_L}\mathrm{d}(\omega t) = \frac{1}{R_L}\left(\frac{V_{CC}U_{om}}{\pi} - \frac{U_{om}^2}{4}\right)$$

当 $U_{om} = 0$ 时，管子的损耗为 0。当 $U_{om} = V_{CC} - U_{CES}$ 时，管子的损耗为

$$P_{T1} = \frac{1}{R_L}\left[\frac{V_{CC}(V_{CC} - U_{CES})}{\pi} - \frac{(V_{CC} - U_{CES})^2}{4}\right]$$

总管耗为 $P_T = P_{T1} + P_{T2} = 2P_{T1}$。

（3）直流电源提供的功率为 $P_V = P_{T1} + P_{T2} + P_o = 2P_{T1} + P_o$。

当 $U_{om} = V_{CC} - U_{CES}$ 时，$P_V = \dfrac{2}{\pi} \cdot \dfrac{V_{CC}(V_{CC} - U_{CES})}{R_L}$。

（4）效率 $\eta = P_o / P_u$。当 $U_{om} \approx V_{CC}$（忽略 U_{CES}）时，$\eta = \pi / 4 \approx 78.5\%$。

3．最大管耗 P_{T1max} 与输出功率的关系

最大管耗不是发生在输出功率最大时。由管耗的计算公式可知，管耗是输出电压幅值 U_{om} 的函数，用求极限的方法可得，最大管耗时的 $U_{om} = 2V_{CC}/\pi$，故最大管耗为

$$P_{T1max} = \frac{1}{\pi^2} \cdot \frac{V_{CC}^2}{R_L} \approx 0.2P_{om}$$

4．功放管的选择

由前面的分析可知，在查阅手册选择功放管时，应使极限参数 $U_{(BR)CEO} > 2V_{CC}$，$I_{CM} > V_{CC}/R_L$，$P_{CM} > 0.2P'_{om}$，另外一定要严格按手册要求安装散热片。

2.6.5　采用复合管的改进型 OCL 电路

1．功率放大电路的安全运行

（1）功放管的安全工作区，受集电极允许的最大电流 I_{CM}、最大电压 $U_{(BR)CEO}$ 和最大功耗 P_{CM} 以及二次击穿临界曲线的限制。

（2）功放管的散热问题。

在一定的温度下，散热能力越强，三极管允许的功耗 P_{CM} 就越大；另外，环境温度 T_a 越低，允许的功耗 P_{CM} 也越大。

2．复合管的组成及其电流放大系数

（1）复合管的组成原则。

① 在正确的外加电压下，每个管子的各级电流均有合适的通路，且均工作于放大区；

② 应将第一个管子的集电极或发射极电流作为第二个管子的基极电流；

③ 后级管子的 u_{BE} 不能将前级管子的 u_{CE} 钳位；

④ 当使用 FET 构成复合管时，FET 只能作为第一级；

（2）复合管的电流放大系数。

采用复合管结构可使等效管的电流放大系数约增大到组成的各管的电流放大系数之积。

3．复合管共射放大电路的动态分析及其特点

（1）复合管共射放大电路的动态分析。

其动态分析方法与基本共射电路基本相同,只是复合管放大电路中的三极管不止一个,应分别画出各三极管的 h 参数等效模型，动态参数的计算也较为复杂。

（2）复合管共射放大电路的特点。

电压放大倍数与单管时相当，但输入电阻明显增大。与单管放大电路相比，当输入信号相同时，从信号源索取的电流将显著减小。

（3）四种类型复合管的等效形式，如图 2-53 所示。

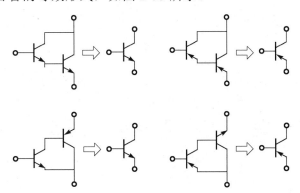

图 2-53　四种类型复合管的等效形式

4. 甲乙类互补功率放大电路

为解决交越失真，可给三极管稍稍加一点偏置，使之工作在甲乙类。甲乙类互补功率放大电路如图2-54所示。

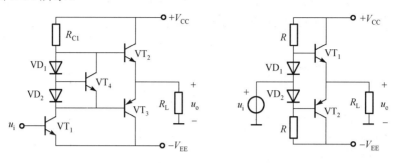

(a) 利用二极管提供偏置电压　　　　　　(b) 利用三极管恒压源提供偏置

图 2-54　甲乙类互补功率放大电路

任务实施

设备要求

(1) PC 一台。

(2) Multisim 软件。

实施步骤

1. 甲类功放仿真测试

(1) 打开 Multisim 软件，按图2-55连接仿真测试电路。

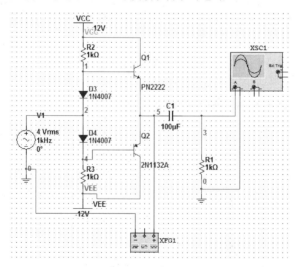

图 2-55　甲类功放仿真测试图

(2) 观察实验现象并记录。

2. 乙类功放仿真测试

（1）打开 Multisim 软件，按图 2-56 连接仿真测试电路。

（2）观察实验现象并记录。

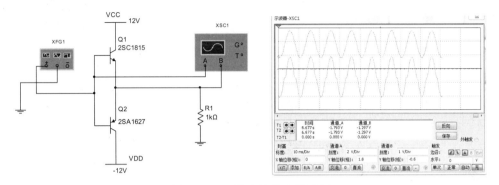

图 2-56 乙类功放仿真测试图

3. 甲乙类功放仿真测试

（1）打开 Multisim 软件，按图 2-57 连接仿真测试电路。

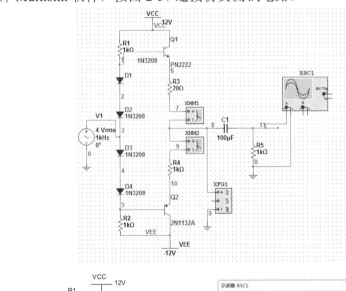

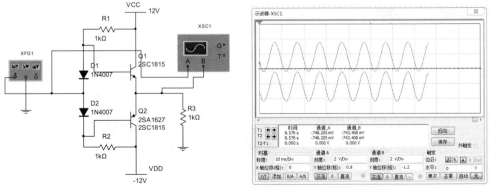

图 2-57 甲乙类功放仿真测试图

(2)观察实验现象并记录。

实训 2　音频功率放大器的设计与测试

实训 2.1　设计指标

(1)学习小功率放大器的设计与调试方法。

(2)掌握小功率放大器有关参数的测试方法。

(3)掌握电路的调试及主要技术指标的测试方法。

(4)通过电路设计加深对该课程知识的理解以及对知识的综合运用。

实训 2.2　设计任务

(1)乙类功放原理图设计。

(2)甲类功放原理图设计。

(3)交越失真的调整。

(4)TDA2030 芯片制作互补对称推挽输出双声道功率放大器。

实训 2.3　设计要求

(1)画出原理框图。

(2)仿真实验截图。

(3)撰写设计说明书。

实训 2.4　硬件设计与检查

1．PCB 的制作

(1)准备原理图和网络表。

(2)规划电路板，设置参数。

(3)装入网络表，进行元件封装。

(4)布置元件，进行手工调整。

(5)布线，进行手工调整。

(6)保存 PCB 文件，打印输出，并检查打印出来的 PCB 图是否完好。

(7)用 Fecl3 溶液进行腐蚀。

2．硬件设计及检测

对电路进行组装：按照自己设计的电路，在 PCB 上焊接。焊接完毕后，应对照电路图仔细检查，看是否有错接、漏接、虚焊的现象。对安装完成的电路板的参数及工作状态进行测量，以便提供调整电路的依据。经过反复的调整和测量，使电路的性能达到要求。

(1)准备以下仪器仪表。

① GB—9 毫伏表 1 台；

② 0.5kW 调压器 1 台；

③ 万用表 1 只；

④ 常用调试工具 1 套；

⑤ 35W 电烙铁 1 把(外壳接地)；

⑥ 300V 交流电压表 1 个；

⑦ 3A 交流电流表 1 个；

⑧ 工艺电阻：15W、15Ω 电阻 1 只。

(2) 外观检查。

① 仔细检查整流滤波电容极性装配是否正确，以免发生意外及损坏元器件。

② 防止输出端或负载短路，以免损坏电源调整管或其他元器件。

(3) 电路静态检测。

(4) 电路动态检测。

3．焊接要求

手工焊接一般分四个步骤进行。

(1) 准备焊接：清洁被焊元器件处的积尘及油污，再将被焊元器件周围的元器件左右掰一掰，让电烙铁头可以触到被焊元器件的焊锡处，以免烙铁头伸向焊接处时烫坏其他元器件。焊接新的元器件时，应对元器件的引线镀锡。

(2) 加热焊接：将沾有少许焊锡和松香的电烙铁头接触被焊元器件约几秒钟。若要拆下印刷板上的元器件，则待烙铁头加热后，用手或镊子轻轻拉动元器件，看是否可以取下。

(3) 清理焊接面：若所焊部位焊锡过多，可将烙铁头上的焊锡甩掉(注意不要烫伤皮肤，也不要甩到印刷电路板上)，用光烙锡头"沾"些焊锡出来。若焊点焊锡过少、不圆滑时，可以用电烙铁头"沾"些焊锡对焊点进行补焊。

(4) 检查焊点：看焊点是否圆润、光亮、牢固，是否有与周围元器件连焊的现象。

思考与练习 2

1．三极管的输入、输出特性曲线有什么含义？

2．三极管有哪些参数？温度对三极管有哪些影响？

3．测得电路中几个三极管的各极对地电压如图 2-58 所示，试判别各三极管的工作状态。

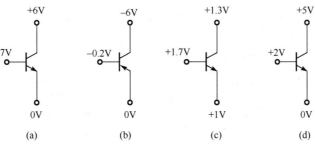

图 2-58　题 3 图

4. 电路如图 2-59 所示,其中 $V_{CC}=12V$,$R_S=1k\Omega$,$R_c=4k\Omega$,$R_b=560k\Omega$,$R_L=4k\Omega$,三极管的 $U_{BE}=0.7V$,$\beta=50$。

(1) 画出直流通路,并估算静态工作点 I_{BQ}、I_{CQ}、U_{CEQ}。

(2) 画出微变等效电路,并试求 A_u、R_i、R_o。

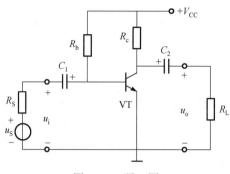

图 2-59 题 4 图

5. 图 2-60 所示为某放大电路及三极管输出特性曲线。其中 $V_{CC}=12V$,$R_c=5k\Omega$,$R_b=560k\Omega$,$R_L=5k\Omega$,三极管 $U_{BE}=0.7V$。

(1) 用图解法确定静态工作点(I_{BQ}、I_{CQ}、U_{CEQ})。

(2) 画出直流负载线和交流负载线。

(3) 确定最大输出电压幅值 U_{omax}。

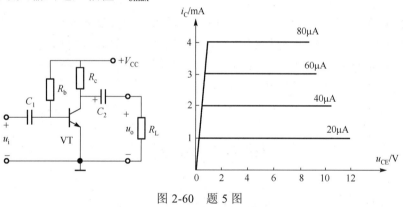

图 2-60 题 5 图

6. 产生零点漂移的主要原因是什么?如何减小甚至消除零点漂移?

7. 图 2-61 所示电路是否存在反馈?是正反馈还是负反馈?直流反馈还是交流反馈?

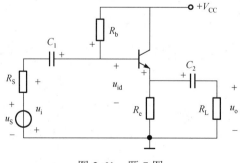

图 2-61 题 7 图

8. 电路如图 2-62 所示。求深度负反馈下的电压放大倍数 $A_{u\text{sf}}$。

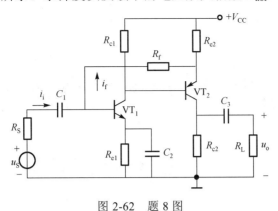

图 2-62　题 8 图

9. 分析乙类互补对称电路的波形失真，说明减少或消除失真的方法。

10. OCL 电路如图 2-63 所示，已知负载上的最大不失真输出功率 $P_{\text{om}} = 560\text{mW}$，管子饱和压降近似为零。

(1) 试计算电源 V_{CC} 的值。

(2) 试核算使用下列功率管是否满足要求。

VT_1：S9013，$P_{\text{CM}} = 600\text{mW}$，$I_{\text{CM}} = 500\text{mA}$，$U_{\text{(BR)CEO}} = 50\text{V}$；

VT_2：S9012，$P_{\text{CM}} = 600\text{mW}$，$I_{\text{CM}} = 500\text{mA}$，$U_{\text{(BR)CEO}} = 50\text{V}$。

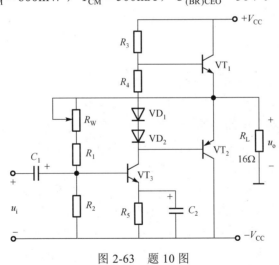

图 2-63　题 10 图

项目 **3** 集成运算放大器的
设计和测试

知识目标

➢ 了解集成运算放大器的基本组成。

➢ 理解集成运算放大器的基本工作原理。

➢ 理解集成运算放大器的基本分析方法。

技能目标

➢ 能够识别集成运算放大器的型号，能够测试集成运算放大器的性能。

➢ 初步具有排查集成运算放大电路常见故障的能力。

项目背景

前面介绍的电路都是由各种单个元件，如二极管、三极管、电阻、电容、电感等连接而成的电子电路，这种电路称为分立元件电路。随着电子技术的发展，半导体制作工艺不断地进步，逐渐实现将整个电路中的分立元件制作在一块硅基片上，构成特定功能的电路，这种电路称为集成电路(IC)。集成电路按集成度来分，有小规模(SSI)、中规模(MSI)、大规模(LSI)和超大规模(VLSI)集成电路；按功能分，有数字集成电路和模拟集成电路。

集成运算放大器(integrated operational amplifier)简称集成运放，是模拟集成电路中应用极为广泛的一类，也是其他各类模拟集成电路应用的基础。最早集成运放主要用于模拟计算机中，通过改变运算放大器的外接反馈电路和输入电路的形式来实现数值的加、减、乘、除、微分、积分等计算，故称为运算放大器。现在的集成运放广泛地应用于运算、测量、控制及信号的产生、处理和变换等领域。

任务 3.1 集成运算放大器的识别与测试

➤➤ 任务分析

集成运放是由多级直接耦合放大电路组成的高增益模拟集成电路。它的增益高(可达60～180dB)，输入电阻大(几十千欧至百万兆欧)，输出电阻低(几十欧)，而且还具有输入

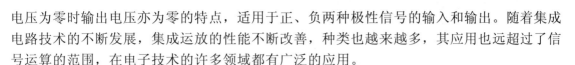

电压为零时输出电压亦为零的特点，适用于正、负两种极性信号的输入和输出。随着集成电路技术的不断发展，集成运放的性能不断改善，种类也越来越多，其应用也远超过了信号运算的范围，在电子技术的许多领域都有广泛的应用。

本任务通过认识和检测集成运放，学习集成运放的组成及性能特点。

▶▶ 知识链接

3.1.1 集成运算放大器的基本组成

集成运放通常包含四个基本组成部分，即输入级、中间级、输出级和偏置电路。如图 3-1 所示。

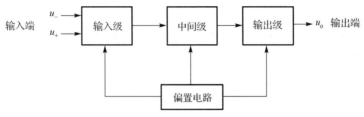

图 3-1 集成运放组成框图

输入级一般要求差模放大倍数大、输入电阻高，以便把外加信号尽可能多地吸入电路中去；通常采用具有同相和反相两个输入端的高性能差分放大电路实现，从而减少零点漂移，抑制共模信号。

中间级主要用于提高电压增益，要求其有大的电压放大倍数，一般由一级或两级有源负载放大器构成，以提高集成运放的输出功率和带负载能力。

输出级用于和负载相连，为了提高带负载能力，要求输出电阻小。一般采用射极输出器或互补对称的输出电路。

偏置电路用于设置集成运放各级放大电路的静态工作点，一般由恒流源电路组成。

3.1.2 集成运算放大器的符号

集成运放通常有多个引脚，为了简化描述，在电路中一般不将所有引脚都画出，通常采用简化符号，只画出同相和反相的两个输入端以及一个输出端，如图 3-2 所示。

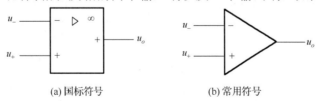

(a) 国标符号　　　　　　　　(b) 常用符号

图 3-2 集成运放符号

图中，"−"表示反相输入端，信号从此输入端输入时，在输出端会得到与输入端极性相反的信号；"+"表示同相输入端，信号从此输入端输入时，在输出端会得到与输入端极性相同的信号。

集成运放有同相和反相两个输入端，若两个输入端上的电压大小相等、极性相反，则这样的一对信号称为差模信号；若两个输入端上的电压大小相等、极性也相同，则称为共模信号。

3.1.3 集成运算放大器的主要性能指标

集成运放内部实际上是一个直接耦合的多级放大电路。了解集成运放的性能参数才能更正确合理地使用它。它的主要参数如下。

(1)开环差模电压增益 A_{ud}：当集成运放没有外接反馈电路时的输出电压与输入电压之比，即集成运放的开环差模电压增益 $A_{ud} = u_o / (u_+ - u_-)$。$A_{ud}$ 越大越好。

(2)共模电压增益 A_{uc}：集成运放对共模信号的放大倍数。A_{uc} 越小越好。

(3)最大输出电压 V_{oPP}(输出电压峰-峰值)：在指定的电源电压下，集成运放的最大不失真输出电压幅度。

(4)差模输入电阻 r_{id}：在开环状态下，从集成运放两个输入端看入的交流等效电阻。它反映集成运放从信号源中吸取电流的大小。r_{id} 越大越好。

(5)输出电阻 r_o：从运算放大器输出端向运算放大器看入的等效信号源内阻。r_o 越小越好。

(6)共模抑制比 K_{CMR}：差模电压增益与共模电压增益之比，常用分贝表示，即

$$K_{CMR} = 20 \lg \left| \frac{A_{ud}}{A_{uc}} \right|。$$ K_{CMR} 越大越好。

(7)最大共模输入电压幅度 u_{icm}：当集成运放两个输入端之间所加的共模输入电压超过某一值时，运放不能正常工作，这个定值为最大共模输入电压。

(8)最大差模输入电压幅度 u_{idm}：当集成运放两个输入端之间所加的差模输入电压超过某一值时，输入级的正常输入性能被破坏，这一定值称为最大差模输入电压幅度。

(9)输入失调电压 U_{io} 和输入失调电流 I_{io}：反映集成运放输入端对称性和各级电位配置好坏的指标。静态时，输入电压为 0 时，欲使输出电压为 0，须在两个输入端之间外加一个补偿电压，即输入失调电压。集成运放的输入失调电压越小越好。静态时两个输入端的直流电流之差称为输入失调电流，集成运放的输入失调电流越小越好。

3.1.4 集成运算放大器的传输特性

集成运放的传输特性是描述输出电压与输入电压差(同相和反相输入端的差值)之间的关系，如图 3-3 所示。从传输特性曲线上可以看出，集成运放输入/输出关系分为线性区和非线性区两个部分。

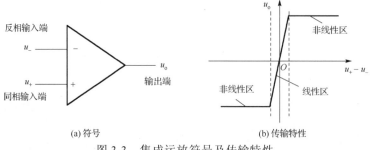

图 3-3 集成运放符号及传输特性

在线性区，输出电压与输入电压差之间呈线性关系，特性曲线的斜率为差模电压增益 $A_{ud} = u_o / (u_+ - u_-)$，$A_{ud}$ 越大，线性区越小，当 $A_{ud} \to \infty$ 时，线性区 $\to 0$；在非线性区，输出电压与输入电压差基本无关，只有两种可能值，呈非线性关系。

3.1.5 理想集成运算放大器

为了简化分析，在实际分析过程中常常把集成运放理想化。理想集成运放具有下述参数：

(1) 理想集成运放的开环电压增益 $A_{ud} \to \infty$。

(2) 理想集成运放的差模输入电阻 $r_{id} \to \infty$。

(3) 理想集成运放的输出电阻 $r_o \to 0$。

(4) 理想集成运放的共模抑制比 $K_{CMR} \to \infty$。

实际的集成运放性能指标都是有限值，进行理想化分析后必然会带来误差。一般情况下，这些误差是允许的，并且随着新型集成运放的不断出现，性能也越来越接近理想运算放大器，误差也越来越小。

在分析理想集成运放时，常使用"虚短"和"虚断"的概念。

"虚短"是指同相与反相两个输入端"虚短路"，即两个输入端电位近似相等，没有短路，却具有和短路相似的特征。因为理想运算放大器的开环电压增益 $A_{ud} \to \infty$，$A_{ud} = u_o / (u_+ - u_-)$，$u_o$ 为有限值，故 $u_+ - u_- \to 0$，即 $u_+ = u_-$。

"虚断"是指同相与反相两个输入端"虚断路"，即两个输入端没有断路，却具有和断路相似的特征。因为理想运算放大器的差模输入电阻 $r_{id} \to \infty$，相当于开路，故流入两个输入端的输入电流为 0，即 $i_+ = i_- = 0$。

对于理想集成运放来讲，因为 $A_{ud} \to \infty$，线性区 $\to 0$，为了扩大集成运放的线性区，一般给运放电路引入负反馈，来减小 A_{ud} 的值，使集成运放工作在线性区。有无在电路中引入负反馈，也是判断集成运放是不是工作在线性区的依据。集成运放工作在线性区，可以使用"虚短"（$u_+ = u_-$）和"虚断"（$i_+ = i_- = 0$）来进行分析。

当理想集成运放工作在开环状态或者引入正反馈时，因为 $A_{ud} \to \infty$，运放的线性区很窄，工作在非线性区，此时输出电压为正向的最大电压或者负向的最大电压。"虚短"（$u_+ = u_-$）是不成立的，当 $u_+ > u_-$ 时，u_o 为正向最大电压；当 $u_+ < u_-$ 时，u_o 为负向最大电压。"虚断"（$i_+ = i_- = 0$）依然成立。

▶ 任务实施

任务目标

(1) 熟悉集成运放的外形、引脚和使用方法。

(2) 掌握集成运放的好坏判断及测试方法。

(3) 熟悉集成运放性能的测试方法。

设备要求

(1) 直流电源 1 台。

（2）信号发生器 1 台。

（3）示波器 1 台。

（4）万用表 1 只。

（5）电阻、电容若干。

（6）集成运放芯片 F007、μA741、LM324 各一个。

实施步骤

1. 认识常用的集成运放型号及引脚

利用集成运放芯片实现电路功能，关键是能够正确区分集成运放的各引脚，并熟悉不同型号集成运放的特点和引脚排列。

集成运放的封装形式主要为金属圆壳封装及双列直插式封装。金属圆壳封装的引脚有 8、10、12 三种形式，双列直插式封装的引脚有 8、14、16 三种形式。具体引脚分布如图 3-4 所示

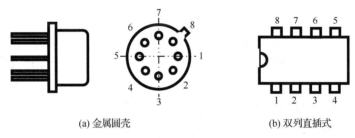

(a) 金属圆壳　　　　　　　　(b) 双列直插式

图 3-4　集成运放封装形式及引脚分布

查阅相关资料，观察各集成运放芯片，将集成运放的引脚及其功能填入表 3-1 中。

表 3-1　集成运放型号及其对应引脚

型　　号	引脚及其功能
F007	
μA741	
LM324	

2. 集成运放好坏的简单测试

集成运放工作在线性区时，需要引入负反馈。此时集成运放具有"虚短"和"虚断"的特性，可以利用这两个特性对集成运放进行分析。

（1）给集成运放 μA741 同时接正、负直流电源(注意用万用表分别测量两路电源为±12V，经检查无误后方可接通±12V 电源)，如图 3-5 所示。

（2）分别将同相输入端或反相输入端接地，检测输出电压 u_o 是否为 u_{om} 值(电源电压为±12V 时)，若是，则该器件基本良好，否则说明器件已损坏。

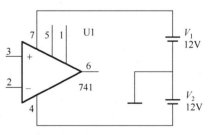

图 3-5　集成运放测试电路

将运算放大器的两个输入端短路接地，运算放大器的输出端对地电压应为零，对正电源端电压应为 $-12V$，对负电源端电压应为 $+12V$，若数值偏差大，则说明该集成运放已不能正常工作或已损坏。

3. 集成运放的参数测试

(1)测试集成运放的传输特性及输出电压的动态范围

运算放大器输出电压的动态范围是指在不失真条件下所能达到的最大幅值。为了测试方便，一般情况下将其输出电压的最大摆幅 V_{oPP} 当作运算放大器的最大动态范围。其测试电路如图 3-6 所示。

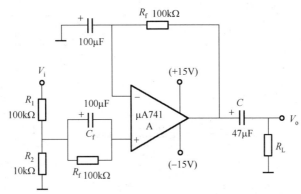

图 3-6 运算放大器输出电压最大摆幅的测试电路

图中 V_i 为正弦信号。当接入负载 R_L 后，逐步加大输入信号 V_i 的幅值，直至示波器上输出电压的波形顶部或底部出现削波为止。此时的输出电压幅度 V_{oPP} 就是运算放大器的最大摆幅。若将 V_i 送示波器的 X 轴，V_o 送 Y 轴，则可利用示波器的 X-Y 显示，观察到运算放大器的传输特性，并可测出 V_{oPP} 的大小。

V_{oPP} 与负载电阻 R_L 有关，不同的 R_L，V_{oPP} 亦不相同。根据已知的 R_L 和 V_{oPP}，可以求出运算放大器的输出电流的最大摆幅：$I_{oPP}=V_{oPP}/R_L$。

运算放大器的 V_{oPP} 除与 R_L 有关外，还与电源电压 $\pm V_{CC}$ 和输入信号的频率有关。随着电源电压的降低和信号频率的升高，V_{oPP} 将降低。

如果示波器 X-Y 显示出运算放大器的传输特性，即表明该放大器是好的，可以进一步测试运算放大器的其他几项参数。

从信号发生器输出 $f=100Hz$ 的正弦波送至电路的输入端，并将其同时送至示波器的 X 轴输入端，输出接至 Y 轴。利用 X-Y 显示方式，观察运算放大器的传输特性。若示波器上未出现顶部或底部削波现象，可适当增加输入信号的幅值，直至出现削波为止。在示波器上直接读出此时输出电压的最大摆幅 V_{oPP}。

改变电阻 R_L 的数值，记录下不同 R_L 时的 V_{oPP}，并根据 R_L 的值，求出运算放大器输出电流的最大摆幅 I_{oPP}，填入表 3-2 中。

(2)测开环电压放大倍数 A_{ud}。

开环电压放大倍数是指运算放大器没有反馈时的差模电压放大倍数，即运算放大器输出电压 V_o 与差模输入电压 V_i 之比，测试电路如图 3-7 所示。R_f 为反馈电阻，通过隔直电容和电阻 R 构成闭环工作状态，同时与 R_1、R_2 构成直流负反馈，减少了输出端的电压漂移。

表 3-2 输出电压最大摆幅的测试值

R_L	V_{oPP}	$I_{oPP}=V_{oPP}/R_L$
$R_L=\infty$		
$R_L=3k\Omega$		
$R_L=1k\Omega$		
$R_L=100\Omega$		

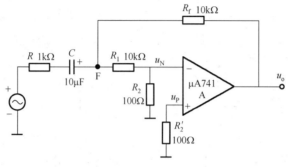

图 3-7 测开环电压放大倍数的电路

由图可知

$$u_N = \frac{R_2}{R_1 + R_2} u_f$$

$$A_{ud} = \left| \frac{u_o}{u_P - u_N} \right| \approx \left| \frac{u_o}{u_N} \right| = \frac{R_1 + R_2}{R_2} \left| \frac{u_o}{u_f} \right|$$

注意：此时信号源的频率应在运算放大器的带宽之内，μA741 的带宽约为 7Hz。

用示波器测出 u_o、u_f，则

$$A_{ud}(dB) = 20\lg \frac{u_o}{u_i} = 20\lg\left(\frac{R_1 + R_2}{R_2} \cdot \frac{u_o}{u_f} \right)$$

（3）测输入失调电压 U_{io}。

输入失调电压是指放大器输出为零时，在输入端所必须引入的补偿电压。根据定义，测试电路如图 3-8 所示。

闭合开关 S，此时电阻 R 被短路。用万用表测运算放大器的输出电压，记为 U_{01}，因为闭环电压放大倍数：

$$A_{uf} = \frac{U_{01}}{U_{io}} = \frac{R_f + R_1}{R_1}$$

所以，运算放大器的输入失调电压为

$$U_{io} = \frac{R_1}{R_1 + R_f} U_{01} = \frac{1}{101} U_{01}$$

（4）测输入失调电流 I_{io}。

输入失调电流是指输出端为零电平时，两输入端基极电流的差值，用 I_{io} 表示。显然，

I_{io} 的存在将使输出端零点偏离，且信号源阻抗越高，输入失调电流影响越严重。测试电路同图 3-8，只要断开开关 S 即可，用万用表测出该电路的输出电压，令它为 U_{02}，则

$$I_{io} = \frac{U_{02} - U_{01}}{\left(1 + \dfrac{R_f}{R_1}\right)R} = \frac{U_{02} - U_{01}}{R} \cdot \frac{R_1}{R_1 + R_f}$$

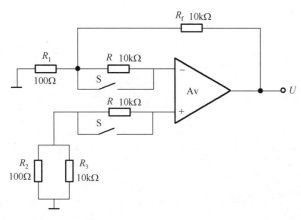

图 3-8　测 U_{io}、I_{io} 的实验电路

(5) 测共模抑制比 K_{CMR}。

根据定义，运算放大器的 K_{CMR} 等于放大器的差模电压放大倍数 A_{ud} 和共模电压放大倍数 A_{uc} 之比，即

$$K_{CMR} = \left|\frac{A_{ud}}{A_{uc}}\right| \quad \text{或} \quad K_{CMR}(\text{dB}) = 20\lg\left|\frac{A_{ud}}{A_{uc}}\right|$$

测试电路见图 3-9，运算放大器工作在闭环状态，对差模信号的电压放大倍数为 $A_{ud} = \dfrac{R_f}{R_1}$，对共模信号的电压放大倍数 $A_{uc} = \dfrac{u_o}{u_i}$，加入 $f=100\text{Hz}$，$u_i=0.1\text{V}$ 的正弦信号，用万用表测出 u_o、u_i，则 $K_{CMR}(\text{dB}) = 20\lg\left|\dfrac{R_f}{R_1} \cdot \dfrac{u_i}{u_o}\right| = 20\lg\left(\dfrac{10}{0.1} \cdot \dfrac{u_i}{u_o}\right)$

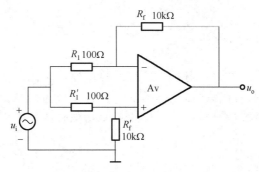

图 3-9　测量 K_{CMR} 的实验电路

为保证测量精度，必须使 $R_1 = R_1'$，$R_f = R_f'$，否则会造成较大的测量误差。运算放大器

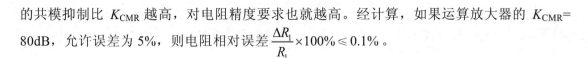

的共模抑制比 K_{CMR} 越高，对电阻精度要求也就越高。经计算，如果运算放大器的 $K_{CMR}=$ 80dB，允许误差为 5%，则电阻相对误差 $\frac{\Delta R_1}{R_1} \times 100\% \leqslant 0.1\%$ 。

任务评价

任务 3.1 评价表如表 3-3 所示。

表 3-3　任务 3.1 评价表

任　　务	内　　容	分　　值	考 核 要 求	得　　分
集成运放的识别	1. 集成运放型号识读 2. 引脚辨别 3. 引脚功能	20	能识别给定的集成运放芯片，分辨其型号及引脚，了解其功能特点	
集成运放好坏的简单测试	1. 判断器件好坏 2. 功能简单验证	20	能正确使用万用表进行相关测试	
集成运放的参数测试	1. 参数意义 2. 测试方法 3. 观察并记录实验数据	40	能根据测试需求测试各性能参数，能正确完整记录实验数据	
态度	1. 积极性 2. 遵守安全操作规程 3. 纪律和卫生情况	20	积极参加训练，遵守安全操作规程，保持工位整洁，有良好的职业道德及团队精神	
合计		100		

任务 3.2　集成运算放大器基本应用电路的测试

任务分析

集成运放主要有线性和非线性两种工作状态。线性工作状态可以用于运算放大；非线性工作状态可以用于电压比较。本任务通过介绍集成运放的线性应用和非线性应用，学习集成运放的基本应用电路。

知识链接

3.2.1　集成运算放大器的线性应用

当集成运放工作在线性区时，可构成各种运算电路，也因此而得名运算放大器。运算电路主要有比例运算、加减运算、微积分运算等。在运算电路中，输入信号作为自变量，输出信号作为函数，当输入信号变化时，输出信号按运算规律发生相应变化。

1. 比例运算电路

1）反相比例运算电路

反相比例运算电路如图 3-10 所示。输入信号 u_i 通过电阻 R_1 加到集成运放的反相输入端，R_f 为反馈电阻，将输出电压 u_o 反馈到反相输入端。根据反馈组态的判别方法，可判断出该电路的反馈方式为电压并联负反馈。同相输入端连接的电阻 R_0 为平衡电阻，用于使输入端对地的静态电阻相等，本电路中 $R_0 = R_1 /\!/ R_f$。

因为有负反馈，集成运放工作在线性区，可以利用"虚短"和"虚断"的概念进行电路分析。

根据"虚短"的概念可得 $u_+ = u_-$，因为 u_+ 通过电阻 R_0 接地，故 $u_+ = u_- = 0$。由此可见，运放的反相输入端虽然没有接地，但具有和地相同的电位，也叫"虚地"。

根据"虚断"的概念可得 $i_+ = i_- = 0$。由基尔霍夫电流定律可知 $i_1 = i_f + i_- = i_f$，即 $\dfrac{u_i}{R_1} = -\dfrac{u_o}{R_f}$，整理可得 $u_o = -\dfrac{R_f}{R_1}u_i$。由此可见，输出电压和输入电压之间是成反比例的，因此，此电路为反相比例运算电路。当 $R_1 = R_f$ 时，输出电压和输入电压大小相等，相位相反，此时电路为反相器。

反相比例运算电路的电压放大倍数为 $A_u = \dfrac{u_o}{u_i} = -\dfrac{R_f}{R_1}$。

2）同相比例运算电路

同相比例运算电路如图 3-11 所示。输入信号 u_i 通过电阻 R_0 加到集成运放的同相输入端，R_f 为反馈电阻，将输出电压 u_o 反馈到反相输入端。根据反馈组态的判别方法，可判断出该电路的反馈方式为电压串联负反馈。反相输入端经电阻 R_1 接地。

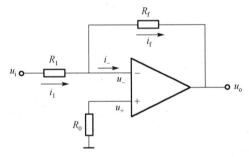
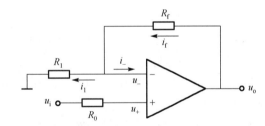

图 3-10　反相比例运算电路　　　　图 3-11　同相比例运算电路

因为有负反馈，集成运放工作在线性区，可以利用"虚短"和"虚断"的概念进行电路分析。

根据"虚短"的概念可得 $u_+ = u_-$，因为 u_+ 通过电阻 R_0 接 u_i，故 $u_+ = u_- = u_i$。

根据"虚断"的概念可得 $i_+ = i_- = 0$。由基尔霍夫电流定律可知 $i_1 = i_f + i_- = i_f$，即 $\dfrac{u_o - u_i}{R_f} = \dfrac{u_i - 0}{R_1}$，整理可得 $u_o = \left(1 + \dfrac{R_f}{R_1}\right)u_i$。由此可见，输出电压和输入电压之间是成正比例的，因此，此电路为同相比例运算电路。

同相比例运算电路的电压放大倍数为 $A_u = \dfrac{u_o}{u_i} = 1 + \dfrac{R_f}{R_1}$。

在图 3-11 所示的电路中，将 R_f 短路（$R_f = 0$）或者 R_1 断开（$R_1 = \infty$），$A_u = 1$。输出电压和输入电压大小相等，相位相同，此时电路为电压跟随器，如图 3-12 所示。

2．加减运算电路

1）加法运算电路

（1）反相加法运算电路。

反相加法运算电路如图 3-13 所示。在反相比例运算电路中增加一个输入端即可构成反相加法运算电路。

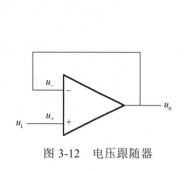

图 3-12　电压跟随器

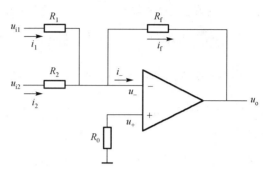

图 3-13　反相加法运算电路

利用"虚短"和"虚断"的概念进行电路分析。

根据"虚短"的概念可得 $u_+ = u_-$，因为 u_+ 通过电阻 R_0 接地，故 $u_+ = u_- = 0$。

根据"虚断"的概念可得 $i_+ = i_- = 0$。由基尔霍夫电流定律可知 $i_1 + i_2 = i_f + i_- = i_f$，即 $\dfrac{u_{i1}}{R_1} + \dfrac{u_{i2}}{R_2} = -\dfrac{u_o}{R_f}$，整理可得 $u_o = -R_f\left(\dfrac{u_{i1}}{R_1} + \dfrac{u_{i2}}{R_2}\right)$。当 $R_1 = R_2 = R_f$ 时，输出电压 $u_o = -(u_{i1} + u_{i2})$，即输出电压等于输入电压之和，负号表示反相。故该电路称为反相加法运算电路。

（2）同相加法运算电路。

同相加法运算电路如图 3-14 所示。在同相比例运算电路中增加一个输入端即可构成同相加法运算电路。

利用"虚短"和"虚断"的概念进行电路分析。

根据"虚断"的概念可得 $i_+ = i_- = 0$。对于反相输入端，由基尔霍夫电流定理可知 $i_f = i_3 + i_- = i_3$，即 $\dfrac{u_o - u_-}{R_f} = \dfrac{u_- - 0}{R_3}$，整理可得 $u_- = \dfrac{R_3}{R_f + R_3}u_o$；对于同相输入端，由基尔霍夫电流定律可知 $i_+ = i_1 + i_2 = 0$，即 $\dfrac{u_{i1} - u_+}{R_1} + \dfrac{u_{i2} - u_+}{R_2} = 0$，整理可得 $u_+ = \dfrac{u_{i1}R_2 + u_{i2}R_1}{R_1 + R_2} = (R_1 // R_2)\left(\dfrac{u_{i1}}{R_1} + \dfrac{u_{i2}}{R_2}\right)$。

根据"虚短"的概念可得 $u_+ = u_-$，即 $\dfrac{R_3}{R_f + R_3}u_o = (R_1 // R_2)\left(\dfrac{u_{i1}}{R_1} + \dfrac{u_{i2}}{R_2}\right)$，整理可得 $u_o = (R_1 // R_2)\left(\dfrac{u_{i1}}{R_1} + \dfrac{u_{i2}}{R_2}\right)\dfrac{R_f + R_3}{R_3}$。

当 $R_1 = R_2 = R_3 = R_f$ 时，$u_o = u_{i1} + u_{i2}$，即输出电压等于输入电压之和。故该电路称为同相加法运算电路。

3. 减法运算电路

减法运算电路如图 3-15 所示。两个输入信号分别加在集成运放的反相输入端和同相输入端，相当于将反相比例运算电路和同相比例运算电路组合起来。

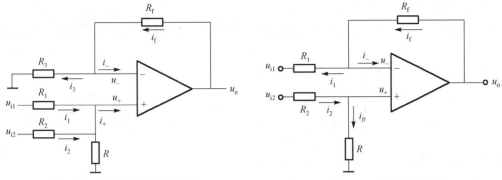

图 3-14　同相加法运算电路　　　　　　图 3-15　减法运算电路

利用"虚短"和"虚断"的概念进行电路分析。

根据"虚断"的概念可得 $i_+ = i_- = 0$。对于反相输入端，由基尔霍夫电流定律可知 $i_f = i_1 + i_- = i_1$，即 $\dfrac{u_o - u_-}{R_f} = \dfrac{u_- - u_{i1}}{R_1}$，整理可得 $u_- = \dfrac{R_1 u_o + R_f u_{i1}}{R_f + R_1}$；对于同相输入端，由基尔霍夫电流定律可知 $i_2 = i_R$，即 $\dfrac{u_{i2} - u_+}{R_2} = \dfrac{u_+}{R}$，整理可得 $u_+ = \dfrac{R}{R + R_2} u_{i2}$。

根据"虚短"的概念可得 $u_+ = u_-$，即 $\dfrac{R_1 u_o + R_f u_{i1}}{R_f + R_1} = \dfrac{R}{R + R_2} u_{i2}$，整理可得 $u_o = \left(\dfrac{R_f + R_1}{R_1}\right)$

$\dfrac{R}{R + R_2} u_{i2} - \dfrac{R_f}{R_1} u_{i1}$。

当 $R_1 // R_f = R // R_2$ 时，$u_o = R_f \left(\dfrac{u_{i2}}{R_2} - \dfrac{u_{i1}}{R_1}\right)$；当 $R_1 = R_2$ 时，$u_o = \dfrac{R_f}{R_1}(u_{i2} - u_{i1})$；当 $R_1 = R_f$ 时，

$u_o = u_{i2} - u_{i1}$。由此可见输出电压与输入电压之差成比例。故该电路称为减法运算电路。

利用加法运算电路和反相比例运算电路也可以构成减法运算电路，如图 3-16 所示。

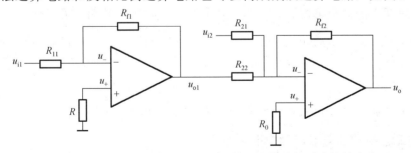

图 3-16　加法运算电路和反相比例运算电路构成的减法运算电路

反相比例运算电路输出信号为 $u_{o1} = -\dfrac{R_{f1}}{R_{11}} u_{i1}$，加法运算电路输出信号为 $u_o =$

$-R_{f2}\left(\dfrac{u_{i2}}{R_{21}} + \dfrac{u_{o1}}{R_{22}}\right) = \dfrac{R_{f1} R_{f2}}{R_{11} R_{22}} u_{i1} - \dfrac{R_{f2}}{R_{21}} u_{i2}$。

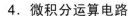
4.微积分运算电路

积分运算和微分运算互为逆运算。利用积分电路和微分电路可以实现方波、三角波之间的波形变换。

1）积分运算电路

积分运算电路如图 3-17 所示。由图可见，将反相比例运算电路中的反馈电阻换成电容，即可构成积分运算电路。

利用"虚短"和"虚断"的概念进行电路分析。

根据"虚短"的概念可得 $u_+ = u_-$，因为 u_+ 通过 R_0 接地，故 $u_+ = u_- = 0$。

根据"虚断"的概念可得 $i_+ = i_- = 0$，由基尔霍夫电流定律可知 $i_1 = i_C + i_- = i_C = \dfrac{u_i}{R_1}$。电

流 i_C 对电容 C 恒流充电，假设电容初始电压为 0，则 $u_o = -\dfrac{1}{C}\int_0^t i_C \mathrm{d}t = -\dfrac{1}{R_1 C}\int_0^t u_i \mathrm{d}t$。

由此可见，输出电压为输入电压对时间的积分，负号表示相位是相反的。

2）微分运算电路

微分运算电路如图 3-18 所示。由图可见，将反相比例运算电路中的输入电阻换成电容，即可构成微分运算电路。

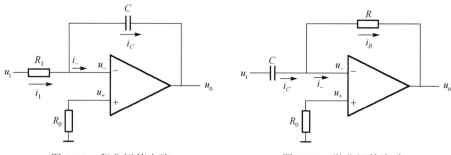

图 3-17　积分运算电路　　　　　图 3-18　微分运算电路

利用"虚短"和"虚断"的概念进行电路分析。

根据"虚短"的概念可得 $u_+ = u_-$，因为 u_+ 通过电阻 R_0 接地，故 $u_+ = u_- = 0$。

根据"虚断"的概念可得 $i_+ = i_- = 0$，由基尔霍夫电流定律可知 $i_R = i_C$。

假设 $t=0$ 时，电容上的初始电压为 0，则接入输入信号 u_i 时有 $i_C = C\dfrac{\mathrm{d}u_i}{\mathrm{d}t}$，$u_o = -i_R R =$

$-RC\dfrac{\mathrm{d}u_i}{\mathrm{d}t}$。

由此可见，输出电压为输入电压对时间的微分，负号表示相位是相反的。

3.2.2　集成运算放大器的非线性应用

当集成运放工作在开环状态或者引入正反馈时，它工作在非线性区。此时集成运放输入输出关系满足：当 $u_+ > u_-$ 时，u_o 为正向最大电压；当 $u_+ < u_-$ 时，u_o 为负向最大电压。

集成运放非线性应用可以用于构成电压比较器。电压比较器是将输入的模拟信号与一个基准电压进行比较，根据比较结果输出一定的高低电平。

1. 简单电压比较器

简单电压比较器电路如图 3-19(a)所示，参考电压 U_{REF} 可以是正值也可以是负值。当 $u_i < U_{REF}$，即 $u_+ > u_-$ 时，u_o 为高电平输出；当 $u_i > U_{REF}$，即 $u_+ < u_-$ 时，u_o 为低电平输出。得到的电压传输特性如图 3-19(b)所示。

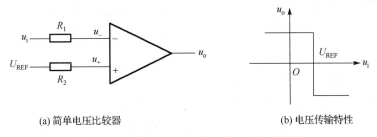

(a) 简单电压比较器　　　　　　　(b) 电压传输特性

图 3-19　简单电压比较器及其电压传输特性

当 $U_{REF}=0$，输入电压 u_i 每次过零时，输出电压就要产生跳变。这时比较器称为过零比较器，如图 3-20 所示。该电路既可以用作零电平检测器，也可以用于波形转换，将正弦波转变为方波。

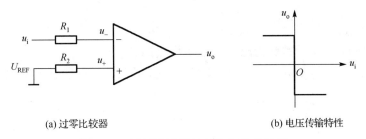

(a) 过零比较器　　　　　　　　(b) 电压传输特性

图 3-20　过零比较器及其电压传输特性

2. 迟滞电压比较器

简单电压比较器结构简单，灵敏度高，但抗干扰能力差。通过引入正反馈的迟滞电压比较器可以克服抗干扰能力差的问题。图 3-21(a)是迟滞电压比较器。迟滞电压比较器有上、下两个判决门限，可以解决误判的问题，以此来获得正确、稳定的输出波形。

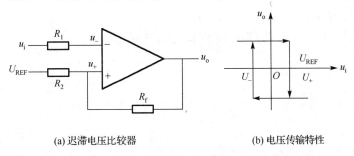

(a) 迟滞电压比较器　　　　　　(b) 电压传输特性

图 3-21　迟滞电压比较器及其电压传输特性

从图中可以看出，该电路输入信号是从反相端输入的，输出信号通过反馈电阻 R_f 引回到同相输入端，构成正反馈，使集成运放工作在非线性区，电路的输出只有高电平和低电平两种取值。输出端的高、低电平反馈到同相输入端所产生的比较电压 u_+ 的起始值不同，即迟滞比较器有两个判决门限。当输出为高电平（$+U_{om}$）时，$u_+ = \dfrac{R_2}{R_2 + R_f} U_{om} = U_+$，是迟滞电压比较器的第一个门限值；当输出为低电平（$-U_{om}$）时，$u_- = -\dfrac{R_2}{R_2 + R_f} U_{om} = U_-$，是迟滞电压比较器的第二个门限值。

当 $u_i < U_-$，u_o 为高电平（$+U_{om}$）输出时，$u_+ = U_+$。当输入信号由小变大，大到比 U_+ 大一点时，输出跳变到低电平（$-U_{om}$），此时 $u_+ = U_-$。

当 $u_i > U_+$，u_o 为低电平（$-U_{om}$）输出时，$u_+ = U_-$。当输入信号由大变小，小到比 U_- 小一点时，输出跳变到高电平（$+U_{om}$），此时 $u_+ = U_+$。

由此可以看出，迟滞电压比较器有两个门限电压。输入单方向变化时，输出只跳变一次。输入由大变小时，对应小的门限电压；输入由小变大时，对应大的门限电压。在两个门限值之间时，输出保持原来的输出不变。其电压传输特性如图 3-21(b) 所示。

▶▶ 任务实施

任务目标

（1）能够用集成运放等元件构成线性应用电路。

（2）能够用集成运放等元件构成非线性应用电路。

（3）通过实验测试和分析，进一步掌握它们的主要特点、性能及输出电压与输入电压的函数关系。

设备要求

（1）PC 机一台。

（2）Multisim 软件。

实施步骤

1. 集成运放线性应用电路测试

1）反相比例运算电路

（1）打开 Multisim 软件，按图 3-22 连接仿真测试电路。

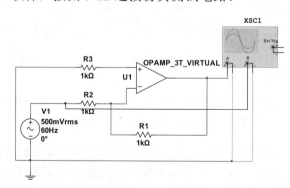

图 3-22　反相比例运算电路仿真测试图

（2）反相输入端接交流正弦信号源，输出端接示波器 A 通道，B 通道接输入信号。对示波器时基标度、通道刻度等进行调整，观察实验现象并记录。

（3）改变 R1、R2、R3 的阻值，输入信号不变。观察示波器中放大倍数与电阻阻值之间的关系，填入表 3-4 中。

结论：当 R1 变大时，放大倍数变_____；当 R2 变大时，放大倍数变_____；当 R3 变大时，放大倍数变_____。

同样的方法可以验证同相比例运算电路输出电压与输入电压的函数关系。

表 3-4　阻值与放大倍数关系表

R1	R2	R3	放大倍数
100kΩ	10kΩ	10kΩ	
200kΩ	10kΩ	10kΩ	
200kΩ	10kΩ	1kΩ	
200kΩ	1kΩ	10kΩ	

2）反相加法运算电路

（1）打开 Multisim 软件，按图 3-23 连接仿真测试电路。

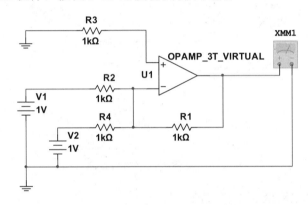

图 3-23 反相加法运算电路仿真测试图

（2）反相输入端接直流信号源，输出端接万用表。观察实验现象并记录。

同样的方法可以验证同相加法运算电路输出电压与输入电压的函数关系。

3）减法运算电路

（1）打开 Multisim 软件，按图 3-24 连接仿真测试电路。

（2）反相输入端接函数发生器，函数发生器输出 1V、500Hz 的正弦波信号，示波器 A 通道接反相输入端信号，B 通道接同相输入端信号，输出端接示波器 C 通道。对示波器时基标度、通道刻度等进行调整，观察实验现象并记录。

结论：输出电压幅值与输入电压幅值相比_____（基本为 0/基本相等/要大得多），该运算电路_____（能/不能）实现输入电压相减。

4）积分运算电路

（1）打开 Multisim 软件，按图 3-25 连接仿真测试电路。

（2）反相输入端接函数发生器，函数发生器输出 1V、500Hz 的方波，输出端接示波器

A 通道，B 通道接函数发生器。对示波器时基标度、通道刻度等进行调整，观察实验现象并记录。

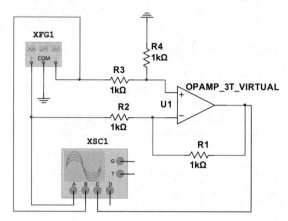

图 3-24 减法运算电路仿真测试图

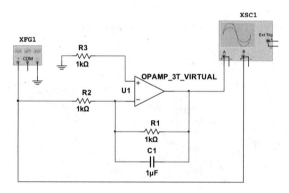

图 3-25 积分运算电路仿真测试图

结论：积分运算电路能实现将方波转变为_____。

5)微分运算电路

(1)打开 Multisim 软件，按图 3-26 连接仿真测试电路。

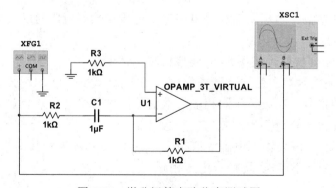

图 3-26 微分运算电路仿真测试图

(2)反相输入端接函数发生器，函数发生器输出 1V、500Hz 的方波，输出端接示波器

A 通道，B 通道接函数发生器。对示波器时基标度、通道刻度等进行调整，观察实验现象并记录。

2．集成运放非线性应用电路测试

1）过零比较器

（1）打开 Multisim 软件，按图 3-27 连接仿真测试电路。

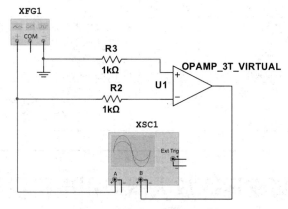

图 3-27　过零比较器仿真测试图

（2）反相输入端接函数发生器，函数发生器输出 1V、500Hz 的正弦波，示波器 A 通道接反相输入端信号，输出端接示波器 B 通道。对示波器时基标度、通道刻度等进行调整，观察实验现象并记录。

2）迟滞电压比较器

（1）打开 Multisim 软件，按图 3-28 连接仿真测试电路。

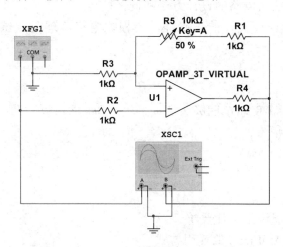

图 3-28　迟滞电压比较器仿真测试图

（2）集成运放引入了正反馈 R1，参考电压接地为零，输入信号连接函数发生器，函数发生器输出 1V、500Hz 的正弦波。示波器 A 通道接反相输入端信号，输出端接示波器 B 通道。对示波器时基标度、通道刻度等进行调整，用示波器 B/A 挡测量实验电路的电压传输特性，观察实验现象并记录。

(3)调整可变电阻 R5 的阻值，观察迟滞电压比较器传输特性变化。

任务评价

任务 3.2 评价表如表 3-5 所示。

表 3-5　任务 3.2 评价表

任　务	内　容	分　值	考 核 要 求	得　分
集成运放线性应用电路测试	1. 绘制电路图 2. 观察并记录实验数据	50	能够正确绘制电路图，会根据测试需求，使用 Multisim 验证功能，并进行测试结果记录	
集成运放非线性应用电路测试	1. 绘制电路图 2. 观察并记录实验数据	30	能够正确绘制电路图，会根据测试需求，使用 Multisim 验证功能，并进行测试结果记录	
态度	1. 积极性 2. 遵守安全操作规程 3. 纪律和卫生情况	20	积极参加训练，遵守安全操作规程，保持工位整洁，有良好的职业道德及团队精神	
合计		100		

实训 3　集成运算放大器应用电路设计和测试

实训 3.1　设计指标

(1)掌握集成运放的工作原理和基本特性。

(2)了解集成运放综合应用电路的分析设计方法。

(3)熟悉集成运放在模拟运算方面的应用。

(4)掌握集成运算放大电路的设计方法和调试技巧。

(5)能够通过测试论证设计的正确性，会根据电路原理及测试结果分析故障产生的原因。

实训 3.2　设计任务

用集成运放设计一个电路，能够实现 $u_o = 3u_{i1} - 2u_{i2}$ 的运算功能。要求：

(1) u_{i1}、u_{i2} 为交流信号；

(2)反馈电阻 $R_f \geqslant 100\text{k}\Omega$。

实训 3.3　设计要求

(1)所设计的电路能满足设计要求。

(2)熟悉仿真软件 Multisim 的使用方式。

(3)绘制设计电路图。

(4)实现仿真测试。

实训 3.4　设计步骤

(1)选用集成运放芯片 LM324 或 μA741，查阅相关技术资料，熟悉基本应用电路。

（2）确定电路功能实现方式（可采用单运放的差动输入减法电路或双运放的反相求和电路），进行参数计算和元件选择，绘制原理框图。

（3）打开 Multisim 软件，按绘制的原理图连接仿真测试电路，可参照图 3-29。

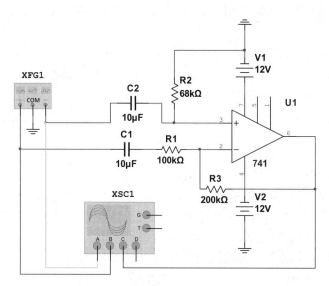

图 3-29　模拟运算仿真测试图

（4）验证运算关系，将示波器测试值填入表 3-6 中。

表 3-6　测试值

u_{i1}	u_{i2}	u_o	波形

实训 3.5　电路调试与检测

（1）改变电源电压、输入信号频率等参数，逐渐调整输入电压，使输出电压波形出现最大不失真。

（2）仿真运行时，通过示波器记录结果，验证是否能够实现功能。

思考与练习 3

一、填空题

1．集成运放内部电路通常包括四个基本组成部分，即_____、_____、_____和_____。

2．为提高输入电阻，减小零点漂移，通用集成运放的输入级大多采用_____电路；为了减小输出电阻，输出级大多采用_____电路。

3．在差分放大电路发射极接入长尾电阻或恒流三极管后，它的差模放大倍数 A_{ud} 将

_____，而共模放大倍数 A_{uc} 将_____，共模抑制比 K_{CMR} 将_____。

4. 差动放大电路的两个输入端的输入电压分别为 $u_{i1}=-8\text{mV}$ 和 $u_{i2}=-10\text{mV}$，则差模输入电压为_____，共模输入电压为_____。

5. 差分放大电路中，常常利用有源负载代替发射极电阻 R_e，从而可以提高差分放大电路的_____。

6. 工作在线性区的理想运放，两个输入端的输入电流均为零，称为虚_____；两个输入端的电位相等称为虚_____；若集成运放在反相输入情况下，同相端接地，反相端又称虚_____；即使理想运放器在非线性工作区，虚_____结论也是成立的。

7. 共模抑制比 K_{CMR} 等于_____之比，电路的 K_{CMR} 越大，表明电路_____越强。

二、选择题

1. 集成运放电路采用直接耦合方式是因为_____。
   A. 可获得很大的放大倍数
   B. 可使温漂小
   C. 集成工艺难以制造大容量电容

2. 为增大电压放大倍数，集成运放中间级多采用_____。
   A. 共射放大电路　　　　　　B. 共集放大电路　　　　　　C. 共基放大电路

3. 输入失调电压 U_{io} 是_____。
   A. 两个输入端电压之差
   B. 输入端都为零时的输出电压
   C. 输出端为零时输入端的等效补偿电压

4. 集成运放的输入级采用差分放大电路是因为可以_____。
   A. 减小温漂　　　　　　　　B. 增大放大倍数　　　　　　C. 提高输入电阻

5. 两个参数对称的三极管组成的差分电路，在双端输入和双端输出时，与单管电路相比，其放大倍数_____，输出电阻_____。
   A. 大两倍，高两倍　　　　　B. 相同，相同　　　　　　　C. 相同，高两倍

6. 共模输入信号是差分放大电路两个输入端信号的_____。
   A. 和　　　　　　　　　　　B. 差　　　　　　　　　　　C. 平均值

7. 集成运放工作时，一般工作在非线性区，它有两个输出状态（$+U_{om}$ 或 $-U_{om}$）；当 $u_+ < u_-$ 时，输出电压 $u_o=$_____。
   A. 饱和，$+V_{oPP}$　　　　　B. 开环，$-V_{oPP}$　　　　　C. 闭环，$-V_{oPP}$

8. 多级放大电路在电路结构上放大级之间通常采用_____。
   A. 阻容耦合　　B. 变压器耦合　　C. 直接耦合　　D. 光电耦合

9. 理想运放的开环差模增益 A_{ud} 为_____。
   A. 0　　　　　　B. 1　　　　　　C. 105　　　　　　D. ∞

项目 **4** 函数信号发生器的设计与测试

知识目标

➤ 了解正弦、非正弦振荡器的电路组成及工作原理。
➤ 了解各个振荡器的应用特点。
➤ 掌握函数信号发生器的原理、制作与测试方法。

技能目标

➤ 能够制作与测试正弦波振荡器，并能调试和测量输出波形。
➤ 能够制作与测试函数信号发生器，并能对过程中出现的问题进行分析和判断。

项目背景

函数信号发生器是一种能够产生特定频率、波形和输出电平的信号发生装置，它能产生多种波形，如正弦波、方波、三角波。它由触发器、比较器、积分器、反向器等基本电路组成，通过调节电容或者电阻能够改变波形的频率和幅值，广泛应用在电子工程、通信工程、自动控制、遥测控制、测量仪器、仪表和计算机等技术领域。

函数信号发生器可以采用集成运放，外加电阻、电容等元件构成的滞回比较器、积分器和二阶有源低通滤波器来分别产生方波、三角波和正弦波。其构成框图如图 4-1 所示，也可以通过集成函数发生器芯片来产生多种不同波形。

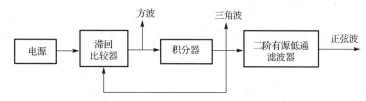

图 4-1 函数信号发生器构成框图

任务 4.1 正弦波振荡器的测试

▶▶ 任务分析

振荡电路能够产生大小和方向都做周期性迅速变化的电流，一般由电阻、电感、电容等元件组成，是一种不用外加激励就能自行产生交流信号输出的电路。振荡器的种类很多，按信号的波形来分，可分为正弦波振荡器和非正弦波振荡器。正弦波振荡器产生的波形非常接近于正弦波或余弦波，且振荡频率比较稳定；非正弦波振荡器产生的波形是非正弦的脉冲波形，如方波、矩形波、锯齿波等。

本任务通过正弦波振荡器的制作与测试，学习正弦波振荡器的相关知识。

▶▶ 知识链接

4.1.1 正弦波振荡电路

振荡电路是一种没有信号输入但有信号输出的信号产生电路。与前面介绍的放大电路有很大不同，放大电路必须要有输入信号，而振荡电路不需要外加输入信号，而实现自激信号。

正弦波振荡电路是指不需要输入信号控制就能自动地将直流电转换为特定频率和振幅的正弦交变电压（电流）的电路。

正弦波振荡电路可分为两大类：一类是利用反馈原理构成的反馈振荡电路，它是目前应用最广的一类振荡电路；另一类是负阻振荡电路，它将负阻抗元件直接连接到谐振回路中，利用负阻抗效应去抵消回路中的损耗，从而产生正弦波振荡。

反馈型振荡电路由放大电路和反馈电路两大部分组成，如图 4-2 所示。$\dot{X}_i$ 为输入信号，$\dot{X}_{di}$ 为加入放大电路中的净输入信号，$\dot{X}_o$ 为输出信号，$\dot{X}_f$ 为反馈信号。由正反馈振荡电路框图可知，$\dot{X}_{di} = \dot{X}_f + \dot{X}_i$，$\dot{X}_o = \dot{A}\dot{X}_{di}$，$\dot{X}_f = \dot{F}\dot{X}_o = \dot{A}\dot{F}\dot{X}_{di}$。

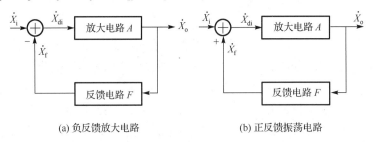

(a) 负反馈放大电路　　　　　　　　(b) 正反馈振荡电路

图 4-2　负反馈放大电路和正反馈振荡电路

1. 正弦波振荡电路的振荡条件

振荡条件是指振荡电路能够产生稳定的正弦波所需要满足的基本条件，包括起振条件、平衡条件。

1）起振条件

起振条件是指振荡电路在接通电源后能够自动起振的条件。放大电路接通电源时，随着电源电压从零增大到接通电压，电路受到扰动，在放大器输入端产生一个微弱的扰动信号，经放大器放大、正反馈、再放大、再反馈，输出信号的幅度很快增大。扰动信号频率不确定，为得到所需频率的正弦波信号，必须增加选频网络。由于选频网络的存在，只有接近选频网络中心频率的信号才能被不断地放大和反馈，这样，输出电压幅度不断增大，所需的输入电压由反馈电压提供，使得在没有输入信号的情况下，电路也能产生输出信号。

为使振荡过程中输出电压幅度不断增大，应使反馈回来的信号比输入放大器的信号幅

度大，即振荡开始时应为增幅振荡，在相位上要求反馈电压与输入电压同相，幅度上要求$\dot{X}_f > \dot{X}_0$。即自激振荡的起振条件为：$|\dot{A}\dot{F}| > 1$，且输入信号经过放大电路产生的相移和反馈网络的相移之和为$\pm 2n\pi$，$n = 0, 1, 2, \cdots$。

2）平衡条件

振荡电路起振时，三极管工作在线性放大区，当电压增大到一定程度后，三极管进入非线性区，此时环路增益会随着振荡电压振幅的增大而下降，振荡电路的振幅不会无限制增大。当振荡电路的振幅不再变化，维持等幅输出时，振荡电路进入平衡状态，满足这种状态的条件即平衡条件。

振荡电路的平衡条件又可细分为振幅平衡条件（即反馈信号和输入信号大小相等）和相位平衡条件（即反馈信号和输入信号相位相同，输入信号经过放大电路产生的相移和反馈网络的相移之和为$\pm 2n\pi$，$n = 0, 1, 2, \cdots$）。

如果只满足起振条件，振荡电路起振后，振幅会无限制增大；如果只满足平衡条件，振荡就不会从小到大进入平衡状态。所以起振条件和平衡条件要同时满足，这就需要振荡环路包含非线性环节，即放大电路。

振荡电路进入平衡状态后，可能会因电路内部噪声或外界环节不稳定因素影响使平衡条件受到破坏，还需要稳幅电路来保证振荡电路能稳定地产生持续等幅的振荡信号。

2. 正弦波振荡电路的组成、分类及分析方法

由以上描述可以看出，正弦振荡电路通常由四部分组成：放大电路，反馈电路，选频网络和稳幅电路。

放大电路：具有一定的电压放大倍数，其作用是对选择出来的某一频率信号进行放大。

反馈电路：是反馈信号所经过的电路，其作用是将输出信号反馈到输入端，引入自激振荡所需的正反馈。

选频网络：具有选频的功能，其作用是选出特定频率的信号，以使正弦波振荡电路实现单一频率振荡。选频网络分为 LC 选频网络和 RC 选频网络。使用 LC 选频网络的正弦波振荡电路，称为 LC 振荡电路；使用 RC 选频网络的正弦波振荡电路，称为 RC 振荡电路。选频网络可以设置在放大电路中，也可以设置在反馈电路中。

稳幅电路：具有稳定输出信号幅值的作用。

在判断电路能否产生振荡时，首先要检测振荡电路是否完整，是否具有四个组成部分；其次要检查电路是否满足振荡条件，检查放大电路是否能够正常工作，并通过瞬时极性法来判断反馈是否为正反馈。

4.1.2 RC 正弦波振荡电路

RC 正弦波振荡电路用以产生低频正弦波信号。RC 正弦波振荡电路的原理图如图 4-3 所示。其中集成运放 A 为放大电路，选频网络是一个由电阻、电容元件组成的串并联网络，R_f 和 R_3 支路引入一个负反馈，R_1、C_1、R_2、C_2 组成具有选频特性的正反馈网络。由图可见，网络中的 R_1、C_1 和 R_2、C_2 以及负反馈支路中的 R_f、R_3 正好组成一个电桥的四个臂，因此这种电路又称为文氏电桥振荡电路。

RC 串并联网络如图 4-4 所示。

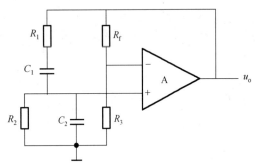

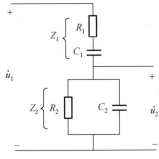

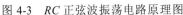
图 4-3　RC 正弦波振荡电路原理图　　　　图 4-4　RC 串并联网络

Z_1 为 RC 串联电路的阻抗，Z_2 为 RC 并联电路的阻抗，则

$$Z_1 = R_1 + \frac{1}{j\omega C_1}$$

$$Z_2 = \frac{R_2}{1 + j\omega C_2 R_2}$$

RC 串并联网络的传递函数 $\dot{F}$ 为

$$\dot{F} = \frac{\dot{u}_2}{\dot{u}_1} = \frac{Z_2}{Z_1 + Z_2} = \frac{\dfrac{R_2}{1 + j\omega C_2 R_2}}{R_1 + \dfrac{1}{j\omega C_1} + \dfrac{R_2}{1 + j\omega C_2 R_2}}$$

$$= \frac{R_2}{\left(R_1 + \dfrac{1}{j\omega C_1}\right)(1 + j\omega C_2 R_2) + R_2}$$

$$= \frac{R_2}{R_1 + \dfrac{1}{j\omega C_1} + j\omega C_2 R_2 R_1 + \dfrac{C_2 R_2}{C_1} + R_2}$$

$$= \frac{1}{\dfrac{R_1}{R_2} + \dfrac{C_2}{C_1} + 1 + j\left(\omega C_2 R_1 - \dfrac{1}{\omega R_2 C_1}\right)}$$

当 $R_1 = R_2 = R$，$C_1 = C_2 = C$ 时，谐振角频率 $\omega_0 = \dfrac{1}{RC}$，上式

$$\dot{F} = \frac{1}{3 + j\left(\dfrac{\omega}{\omega_0} - \dfrac{\omega_0}{\omega}\right)} = F(\omega)e^{j\varphi(\omega)}$$

由此可知，其幅频表达式和相频表达式分别为

$$F(\omega) = \frac{1}{\sqrt{3^2 + \left(\dfrac{\omega}{\omega_0} - \dfrac{\omega_0}{\omega}\right)^2}}$$

$$\varphi(\omega) = -\arctan\frac{\dfrac{\omega}{\omega_0} - \dfrac{\omega_0}{\omega}}{3}$$

幅频特性曲线和相频特性曲线如图 4-5 所示。

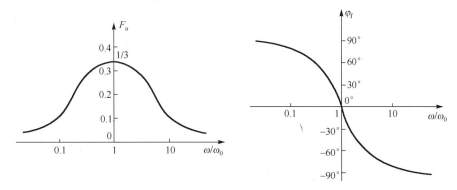

图 4-5 RC 串并联网络幅频特性曲线和相频特性曲线

当 $\dfrac{\omega}{\omega_0} = 1$（谐振）时，幅值最大，为 1/3，相位角为 0°。此时，输出电压与输入电压同相。

当 $\dfrac{\omega}{\omega_0} \neq 1$ 时，输出电压滞后或超前于输入电压。由此可见，RC 串并联网络具有选频特性。

采用 RC 串并联网络构成的文氏电桥振荡电路如图 4-3 所示。输出电压 u_o 作为 RC 串并联网络的输入电压，将 RC 串并联网络的输出电压作为放大器的输入电压。由运放构成的 RC 串并联正弦波振荡电路不是靠运放内部的三极管进入非线性区稳幅，而是通过在外部引入负反馈来达到稳幅的目的。引入的负反馈超过正反馈，便可以减小工作频率的谐波成分，减少波形失真，改善波形。如果将 R_3 选择为具有正温度系数的电阻，或是将 R_f 选择为具有负温度系数和热惯性的电阻，便可以得到稳幅的效果。

运放的电压增益为 $A = 1 + \dfrac{R_f}{R_3}$，通过调整 R_f 和 R_3 可以改变电压增益值。只要选择适当的 R_f 和 R_3 值，就能实现 $A > 3$ 的要求，满足起振条件。

4.1.3 LC 正弦波振荡电路

LC 正弦波振荡电路主要用来产生高频正弦波信号，信号频率一般在 1MHz 以上。LC 和 RC 正弦波振荡电路产生正弦振荡的原理基本相同，它们在电路组成方面的主要区别是：RC 正弦波振荡电路的选频网络由电阻和电容组成，而 LC 正弦波振荡电路的选频网络由电感和电容组成。

反馈型 LC 正弦波振荡电路是 LC 正弦波振荡电路的主要形式。

LC 选频网络既是放大器的负载，又有一部分是正反馈网络。根据反馈电路的形式不同，振荡电路可分为变压器耦合反馈式、电感分压反馈式和电容分压反馈式。图 4-6(a) 和 (b) 分别示出电感分压反馈式和电容分压反馈式振荡电路。这种电路中电感分压器和电容分压器的三端分别和电子器件的三个电极相连，又称三端（或三点）式振荡电路。

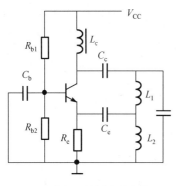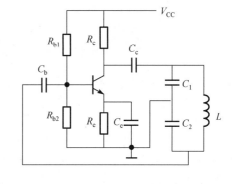

(a) 电感分压反馈式振荡电路　　　　　　　(b) 电容分压反馈式振荡电路

图 4-6　三端式振荡电路

任务实施

任务目标

(1) 进一步了解正弦波振荡电路的概念及分类。

(2) 理解 RC 正弦波振荡电路的组成及电路原理。

(3) 能够调试、测量 RC 正弦波振荡电路的输出波形。

设备要求

(1) PC 一台。

(2) Multisim 软件。

实施步骤

1. RC 正弦波振荡电路

(1) 打开 Multisim 软件，按图 4-7(a)连接仿真测试电路。

(2) 观察示波器上的输出电压波形，如图 4-7(b)所示，测试输出电压幅度，此时应有 $U_{om} =$ _____，测试输出电压频率，此时应有 $f =$ _____。与理论值相比较。分析误差原因。

(3) 保持步骤(2)，改变电容 C1、C2 值为 10nF，测试输出电压幅度，此时应有 U_{om} = _____，测试输出电压频率，此时应有 $f=$ _____。

(4) 保持步骤(2)，改变电阻 R1、R2 值为 5.1kΩ，测试输出电压幅度，此时应有 U_{om} = _____，测试输出电压频率，此时应有 $f=$ _____。

结论：RC 正弦波振荡电路的频率主要和_____(电容 C1、C2 和电阻 R1、R2)有关。

(5) 保持步骤(2)，改变电阻 R5 的值，观察电路能否起振，逐渐增大 R5 的值，观察电路的起振情况。

2. LC 正弦波振荡电路

(1) 打开 Multisim 软件，按图 4-8 连接仿真测试电路。

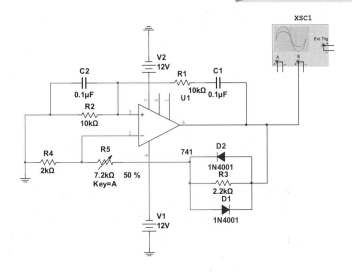

(a)电路图

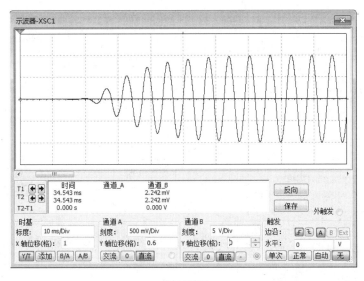

(b)波形图

图 4-7 *RC* 正弦波振荡电路仿真测试图

(2)观察示波器上的输出电压波形,用数字存储示波器观察电感 L1 两端的输出电压波形,用频率计测量其输出频率,记录所测频率并与计算值 f_0 做比较。此时应有 $f_0 =$_____。

结论:反馈式 *LC* 正弦波振荡电路_____(能/不能)在无外加输入信号的情况下产生正弦波信号。从接通电源到振荡电路输出较稳定的正弦波振荡信号_____(需要/不需要)经过一段时间,即 *LC* 正弦波振荡电路_____(存在/不存在)起振与平衡两个阶段。

(3)频率可调范围的测量:改变电容 C4,调整振荡器的输出频率,并找出振荡器的最高频率 $f_{max} =$_____和最低频率 $f_{min} =$_____。将结果填入表 4-1 中。

表 4-1 电容 C4 对频率的影响

C4/μF	0.01	0.03	0.1	0.2	1
f/kHz					

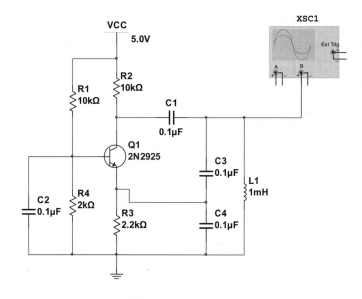

图 4-8　LC 正弦波振荡电路仿真测试图

任务评价

任务 4.1 评价表如表 4-2 所示。

表 4-2　任务 4.1 评价表

任 务	内 容	分 值	考 核 要 求	得 分
RC 正弦波振荡电路	1. 绘制电路图 2. 观察并记录实验数据	40	能够正确绘制电路图，会根据测试需求使用 Multisim 验证逻辑功能，并进行测试结果记录	
LC 正弦波振荡电路	1. 绘制电路图 2. 观察并记录实验数据	40	能够正确绘制电路图，会根据测试需求使用 Multisim 验证逻辑功能，并进行测试结果记录	
态度	1. 积极性 2. 遵守安全操作规程 3. 纪律和卫生情况	20	积极参加训练，遵守安全操作规程，保持工位整洁，有良好的职业道德及团队精神	
合计		100		

任务 4.2　非正弦波振荡器的测试

任务分析

　　方波、三角波等非正弦波在日常学习和生活中具有广泛的应用。学习中我们经常将方波、三角波作为信号源应用到各种电路中；生活中，一些电子设备的控制模块、通信系统中同样需要用到方波和三角波。本任务通过非正弦波振荡器的制作与测试，学习非正弦波振荡电路的相关知识。

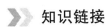

知识链接

4.2.1 方波发生器

1. 方波发生器的电路组成及原理

方波输出电压只有两种状态：高电平和低电平。集成运算放大电路工作在非线性区时，输出电压只有两个值，因此电压比较器是方波发生器的重要组成部分；因为产生振荡，要求输出的两种状态能够自动地相互转换，所以在电路中必须引入反馈；因为输出状态按一定时间间隔产生周期变化，所以电路中要有延迟环节来确定每种状态维持的时间。由此可知，方波发生器是由迟滞电压比较器和 RC 充、放电负反馈支路构成的，如图 4-9 (a) 所示。

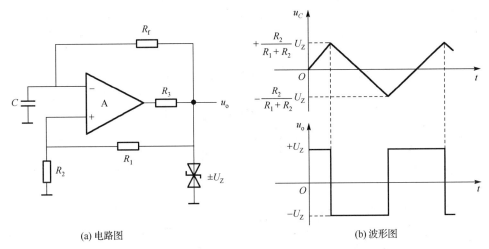

(a) 电路图   (b) 波形图

图 4-9 方波发生器

方波发生器电路中，在同相输入端引入了正反馈 R_1 支路，和集成运放构成迟滞电压比较器。比较器输出电压 u_o 被两个特性相同的稳压管限幅，在比较过程中，输出电压被稳定在 $\pm U_Z$（U_Z 为稳压管的稳定电压）且保持恒定。R_3 为限流电阻，一般为 $10 \sim 100 \text{k}\Omega$。

电容 C 加在集成运放的反相端，在刚接通电源时，电容 C 上的电压为 0，输出为正饱和电压 $+U_Z$，同相输入端的电压为 $\dfrac{R_2}{R_1 + R_2} U_Z$。

电容 C 在输出电压 $+U_Z$ 的作用下开始充电，当电容 C 上的电压升至 $\dfrac{R_2}{R_1 + R_2} U_Z$ 时，运算放大器的输入端 $u_- > u_+$，电路翻转，输出电压从 $+U_Z$ 翻转至 $-U_Z$，同相输入端的电压变为 $-\dfrac{R_2}{R_1 + R_2} U_Z$。

电容 C 开始放电，当电容 C 上的电压降至 $-\dfrac{R_2}{R_1 + R_2} U_Z$ 时，运算放大器的输入端 $u_- < u_+$，输出电压又从 $-U_Z$ 翻转至 $+U_Z$。如此反复，在运放的输出端就可以得到方波信号了。电容 C 上的电压值和集成运放输出电压值波形如图 4-9 (b) 所示。

2．方波频率及其调节

方波发生器输出的方波电压周期 T 取决于充、放电的时间常数，即 $T = 2R_{\mathrm{f}}C\ln\left(1 + \dfrac{2R_2}{R_1}\right)$。

如果选取合适的 R_1 和 R_2，使得 $\dfrac{R_2}{R_1 + R_2} = 0.47$，则 $T = 2R_{\mathrm{f}}C$，振荡频率为 $f = \dfrac{1}{2R_{\mathrm{f}}C}$。改变 R_{f} 和 C 的取值就可以调节方波的频率。

3．占空比可调的方波发生器

要想改变方波输出波形的占空比，需要通过改变电容 C 的充、放电时间常数来实现，图 4-10 是一种占空比可调的方波发生器。电容 C 充电时，充电电流经过电位器 R_{W} 的上半部、二极管 VD_1 和反馈电阻 R_{f}；电容 C 放电时，放电电流经过电位器 R_{W} 的下半部、二极管 VD_2 和反馈电阻 R_{f}。

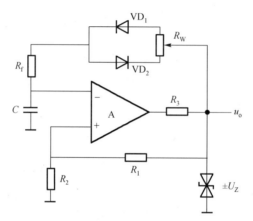

图 4-10　占空比可调的方波发生器

占空比为

$$\frac{T_1}{T} = \frac{\tau_1}{\tau_1 + \tau_2} \times 100\%$$

$$\tau_1 = (R_{\mathrm{W}}' + r_{\mathrm{D1}} + R_{\mathrm{f}})C$$

$$\tau_2 = (R_{\mathrm{W}} - R_{\mathrm{W}}' + r_{\mathrm{D2}} + R_{\mathrm{f}})C$$

其中，R_{W}' 为电位器中点到上端的电阻；r_{D1} 为二极管 VD_1 的导通电阻；r_{D2} 为二极管 VD_2 的导通电阻。这样通过调整 R_{W} 的中点位置，就能实现占空比可调。

4.2.2　三角波发生器

三角波发生器主要由迟滞电压比较器和积分器闭环组成，其电路图和波形图如图 4-11 所示。

三角波发生器电路中，在同相输入端电路中引入了正反馈 R_1 支路，其和集成运放 A_1 构成迟滞电压比较器，反相输入端接地。A_1 同相输入端电压由 u_{o} 和 $u_{\mathrm{o}1}$ 共同决定，即

$$u_{1+} = \frac{R_2}{R_1 + R_2} u_{o1} + \frac{R_2}{R_1 + R_2} u_o$$

当 $u_{1+} > 0$ 时，$u_{o1} = +U_Z$；当 $u_{1+} < 0$ 时，$u_{o1} = -U_Z$。

电容 C 加在集成运放 A_2 的反相端，在刚接通电源时，电容 C 上的电压为 0，集成运放 A_1 的输出电压 u_{o1} 为正饱和电压 $+U_Z$，作为 A_2 的输入电压。电容 C 在电压 $+U_Z$ 的作用下开始充电，输出电压 u_o 开始减小，u_{1+} 的值也随之减小，当减小到 $-\dfrac{R_2}{R_1} U_Z$ 时，u_{1+} 的值由正数变为 0，迟滞电压比较器 A_1 翻转，A_1 的输出电压 u_{o1} 为 $-U_Z$，作为 A_2 的输入电压。电容 C 开始放电，输出电压 u_o 开始增大，u_{1+} 的值也随之增大，当 u_o 增大到 $\dfrac{R_2}{R_1} U_Z$ 时，u_{1+} 的值由负变为 0，迟滞电压比较器 A_1 翻转，A_1 的输出电压 u_{o1} 为 $+U_Z$。如此反复。

三角波发生器的振荡频率为 $f = \dfrac{R_1}{4R_2 R_3 C}$。

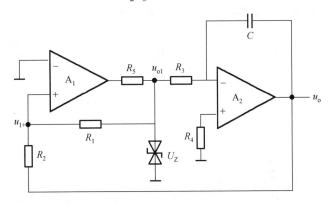

(a) 电路图

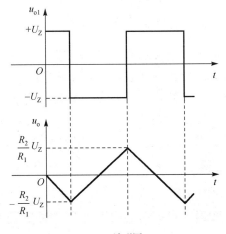

(b) 波形图

图 4-11 三角波发生器

任务实施

任务目标

(1)理解方波、三角波振荡电路的组成及电路原理。

(2)能够调试、测量非正弦波振荡电路的输出波形。

设备要求

(1)PC 一台。

(2)Multisim 软件。

实施步骤

1. 方波发生器

(1)打开 Multisim 软件，按图 4-12(a)连接仿真测试电路。

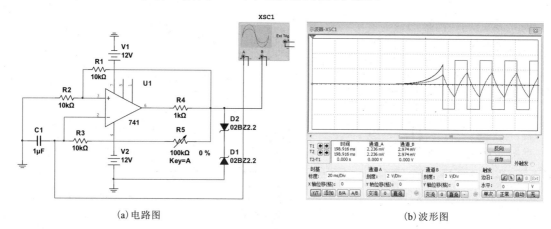

(a)电路图   (b)波形图

图 4-12   方波发生器仿真测试图

(2)用示波器观察，如图 4-12(b)所示，振荡器波形为_____(正弦波/方波/三角波)，用数字存储示波器的测量功能，测量振幅和频率并记录：$U_{om}=$_____V，$f_o=$_____MHz。

(3)改变电容 C1 值为 1nF，测试输出电压频率，此时应有 $f_o=$_____。

(4)调节电位器 R5，用示波器观察振荡器波形频率的变化情况。

结论：方波发生器的频率主要取决于_____(电容 C1/反馈电阻 R5/C1 和 R5)。

2. 占空比可调的方波发生器

(1)打开 Multisim 软件，按图 4-13 连接仿真测试电路。

(2)调节电位器 R2，用示波器观察振荡器波形占空比的变化情况。

3. 三角波发生器

(1)打开 Multisim 软件，按图 4-14(a)连接仿真测试电路。

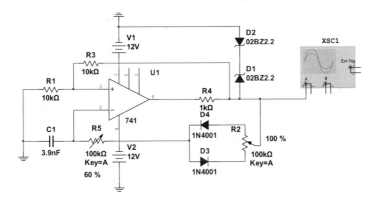

图 4-13　占空比可调的方波发生器仿真测试图

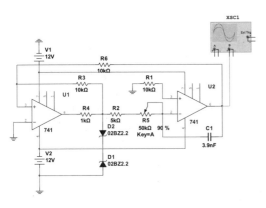

（a）电路图

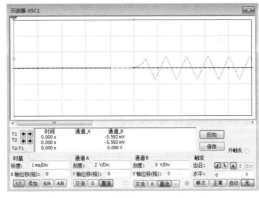

（b）波形图

图 4-14　三角波发生器仿真测试图

（2）用示波器观察，如图 4-14（b）所示，振荡器波形为_____（正弦波/方波/三角波），用数字存储示波器的测量功能，测量振幅和频率并记录：$U_{om}=$_____V，$f_o=$_____MHz。

（3）改变电容 C1 值为 1μF，测试输出电压频率，此时应有 $f_o=$_____。

（4）调节电位器 R5，用示波器观察振荡器波形频率的变化情况。

结论：三角波发生器的频率主要取决于_____（电容 C1/反馈电阻 R5/C1 和 R5）。

任务评价

任务 4.2 评价表如表 4-3 所示。

表 4-3　任务 4.2 评价表

任　务	内　容	分　值	考 核 要 求	得　分
方波发生器	1. 绘制电路图 2. 观察并记录实验数据	40	能够正确绘制电路图，会根据测试需求使用 Multisim 验证逻辑功能，并进行测试结果记录	
三角波发生器	1. 绘制电路图 2. 观察并记录实验数据	40	能够正确绘制电路图，会根据测试需求使用 Multisim 验证逻辑功能，并进行测试结果记录	

续表

任　　务	内　　容	分　值	考 核 要 求	得　分
态度	1. 积极性 2. 遵守安全操作规程 3. 纪律和卫生情况	20	积极参加训练，遵守安全操作规程，保持工位整洁，有良好的职业道德及团队精神	
合计		100		

实训 4　函数信号发生器的设计与测试

实训 4.1　设计指标

制作函数信号发生器，并通过调试达到预期目的。

实训 4.2　设计任务

设计并制作一个简易的方波-三角波-正弦波信号发生器，供电电源为 ±12V，要求频率调节方便。

实训 4.3　设计要求

信号发生器满足以下指标：
(1)输出频率在 1～10kHz 范围内连续可调。
(2)方波输出电压峰-峰值 $V_{oPP} = 12V$（误差<20%），上升、下降沿均小于 10μs。
(3)三角波输出电压峰-峰值 $V_{oPP} = 8V$（误差<20%）。
(4)在 1～10kHz 的频率范围内，正弦波输出电压峰-峰值 $V_{oPP} > 1V$，无明显失真。
(5)输出方波为占空比可调的矩形波，占空比可调范围不小于 30%～70%。

实训 4.4　设计步骤

1．方案选取

根据实验要求，制作一个简易方波-三角波-正弦波的信号发生器，有以下两种设计方案。

(1)先通过正弦波振荡电路产生正弦波，再通过正弦波-方波变换电路得到方波，最后通过方波-三角波变换电路得到三角波，从而实现功能。

(2)先通过方波振荡电路产生方波，再通过方波-三角波变换电路产生三角波，最后通过三角波-正弦波变换电路产生正弦波，从而实现功能。

2．绘制原理框图

确定好电路功能实现方式，进行参数计算和元件选择，绘制原理框图。

根据 LM318N 和 μA741CP 的数据手册和文献资料，LM318N 是一种性能好、价格低、使用可靠的高速运算放大器，适合多种情况下信号的高速放大。采用运算速度较快的 LM318N 作为方波振荡电路的运放，而实验所提供的 μA741CP 运放则用于三角波振荡电路。

根据设计要求，方波的输出电压峰-峰值 $V_{oPP}=12\text{V}$（误差<20%），三角波的输出电压峰-峰值 $V_{oPP}=8\text{V}$（误差<20%），可以计算出 $\dfrac{R_1}{R_f}=\dfrac{8\text{V}}{12\text{V}}=\dfrac{2}{3}$。故选取两个电阻的阻值分别为 $R_1=20\text{k}\Omega$，$R_f=30\text{k}\Omega$。

由于要使得集成运放两输入端的对地直流电阻相等，运放的偏置电流才不会产生附加的失调电压，故运放输入端所接电阻要平衡，因此有 $R_2=R_1//R_f=12\text{k}\Omega$。

3．连接测试电路

打开 Multisim 软件，按绘制的原理图连接仿真测试电路，可参照图 4-15。

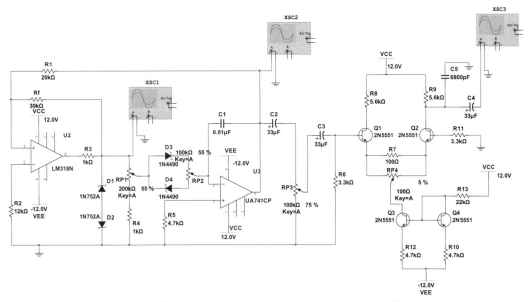

图 4-15　简易方波-三角波-正弦波的信号发生器仿真测试图

4．启动仿真

按下 ▶ 按钮，启动仿真，观察示波器输出波形并记录。可得到如图 4-16 所示的方波，如图 4-17 所示的三角波和如图 4-18 所示的正弦波。

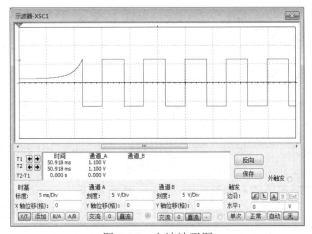

图 4-16　方波波形图

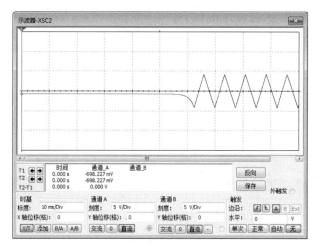

图 4-17　三角波波形图

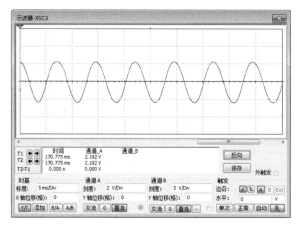

图 4-18　正弦波波形图

5. 频率变化及方波占空比变化

改变电位器 RP1、RP2、RP3 的值，观察方波、三角波及正弦波的频率变化及方波占空比变化。

通过改变电位器_____的大小，可以实现方波-三角波的频率微调；通过改变电位器_____的大小，可以改变方波占空比。

实训 4.5　电路调试与检测

（1）仿真运行时，通过示波器记录结果，验证是否能够实现功能。

（2）若仿真过程中，正弦波波形出现截止失真，则：

根据理论分析可知，当三极管的静态工作点设置较低时，由于输入信号的叠加，有可能使叠加后的波形一部分进入截止区，输出电压的顶部出现削波。因此，需要给三极管足够的偏置，使得三极管都工作在放大区，而不进入饱和区或截止区。

（3）若仿真时，波形频率无法满足 1～10kHz 范围内可调，可尝试通过调节电位器来设置，也可通过改变电阻和电容的值来改变电路的振荡频率范围。

思考与练习4

1．产生正弦波振荡的相位条件是＿＿＿＿＿＿＿＿＿。

2．(判断)在文氏电桥振荡电路中，若 RC 串并联网络中的电阻均为 R，电容均为 C，则其振荡频率 $f_0 = 1/RC$ 。　　　　　　　　　　　　　　　　　　（　）

3．(判断)电路只要满足 $\left|\dot{A}\dot{F}\right| = 1$，就一定会产生正弦波振荡。　　　　　（　）

4．(判断)负反馈放大电路不可能产生自激振荡。　　　　　　　　　　　　（　）

5．写出正弦波振荡器的幅值平衡条件和相位平衡条件。

6．反馈式正弦波振荡器由哪些部分组成？判断其是否满足相位平衡条件的一般方法是什么？

项目 5 三人投票表决器的设计与测试

知识目标

➤ 熟悉各种进制及其转换方法。
➤ 了解 TTL 和 CMOS 门电路的工作原理。
➤ 熟悉常用的集成逻辑门电路的功能及特性。
➤ 掌握基本逻辑关系及其表示方法、基本逻辑函数定律和运算规则，会将逻辑式转换成不同的表示形式，并会化简。
➤ 熟悉组合逻辑电路的分析方法、设计方法。

技能目标

➤ 能够正确使用集成逻辑门电路。
➤ 能够根据逻辑功能及特性选用和代换集成逻辑门电路。
➤ 能够分析组合逻辑电路功能。
➤ 能够初步设计满足给定的逻辑功能的组合逻辑电路。

项目背景

我们在判断某一事件是否要进行时，有很多时候是根据多数人的意见和建议，通过投票表决方式来决定的。例如，有事件 Y，由 A、B、C 三人投票，多数人同意时，事件 Y 就通过，否则就不通过。如图 5-1 所示，两人赞成，一人不赞成，按照少数服从多数的原则，事件表决通过。这就是最基本的逻辑问题，可以通过逻辑电路来实现此逻辑功能。

图 5-1　三人表决示意图

任务 5.1 基本逻辑门电路的测试

任务分析

1847 年，英国数学家乔治·布尔（George Boole）提出了逻辑学的数学模型，采用数学的方法描述了客观事物的逻辑关系，被称为逻辑代数，也称为布尔代数。后来逻辑代数被广泛地应用于开关电路和数字电路的分析与设计。逻辑代数中变量的取值只有"0""1"两种，分别称为逻辑 0 和逻辑 1。这里 0 和 1 不是表示数量的大小，而是表示两种相互对立的逻辑状态。例如，电位的高与低、信号的有与无、电路的通与断、开关的闭合与断开、晶体管的截止与导通等。

逻辑代数表示的是逻辑关系，而不是数量关系。这是它与普通代数的本质区别。

本任务通过对基本逻辑门电路的测试来学习逻辑门电路的基本知识。

知识链接

电子电路中的工作信号可以分为模拟信号和数字信号两类。模拟信号是指在时间和数值上都连续变化的信号。传输和处理模拟信号的电路称为模拟电路。数字信号是指在时间和数值上都离散（不连续）的信号。传输和处理数字信号的电路称为数字电路。

数字电路与模拟电路相比，具有以下优点：

（1）电路结构简单，容易制造，便于集成和系列化生产；成本低廉，使用方便。

（2）由数字电路组成的数字系统，工作准确可靠，精度高，抗干扰能力强。

（3）不仅能完成数值运算，还可以进行逻辑运算和判断。因此数字电路又可称为数字逻辑电路，在通信、自动控制、测量仪器及计算机等科学领域内得到广泛的应用。

数字电路按功能可分为组合逻辑电路和时序逻辑电路两大类。前者在任何时刻的输出，仅取决于电路此刻的输入状态，而与电路过去的状态无关，不具有记忆功能。常用的组合逻辑器件有加法器、译码器、数据选择器等。后者在任何时候的输出，不仅取决于电路此刻的输入状态，而且与电路过去的状态有关，具有记忆功能。

数字电路按结构可分为分立元件电路和集成电路。前者是将独立的晶体管、电阻等元器件用导线连接起来的电路；后者将元器件及导线制作在半导体硅片上，封装在一个壳体内，并焊出引线的电路。集成电路的集成度是不同的。

数字电路根据集成度的不同可分为小规模集成电路（每片数十个器件）（small scale integration，SSI），中规模集成电路（每片数百个器件）（medium scale integration，MSI），大规模集成电路（每片数千个器件）（large scale integration，LSI），超大规模集成电路（每片器件数目大于 1 万）（very large scale integration，VLSI）。

数字电路按所用器件制作工艺的不同可分为双极型（TTL 型）和单极型（MOS 型，特别是 CMOS 型）。

研究数字电路，需要先了解数字信号的描述方法。数字信号通常用数字量来表示，数字量的计算方法和数制有关。

5.1.1　数制和码制

1. 数制

数制是指进位计数制，即用进位的方法来计数。同一个数可以采用不同的进位计数制来计量，如我们日常生活中使用最多的是十进位计数制，即十进制。它采用 0、1、2、3、4、5、6、7、8、9 十个数码(基本数字符号)的不同组合表示一个多位数；数字电路中的常用进制有十进制、二进制，有时也采用八进制或十六进制，如表 5-1 所示。

表 5-1　进制表

进　制	数　码	计 数 规 则	基　数
十	0,1,2,3,4,5,6,7,8,9	逢十进一	10
二	**0,1**	逢二进一	2
八	0,1,2,3,4,5,6,7	逢八进一	8
十六	0,1,2,3,4,5,6,7,8,9,A,B,C,D,E,F	逢十六进一	16

任何一个数制都包含两个基本要素：基数和位权。

基数：数制所使用数码的个数。例如，二进制的基数为 2；十进制的基数为 10。

位权：数制中某一位上的 1 所表示数值的大小(所处位置的价值)。例如，十进制数 123，1 的位权是 $100(10^2)$，2 的位权是 $10(10^1)$，3 的位权是 $1(10^0)$。二进制数 **1011**(一般从左向右开始)，第一个 **1** 的位权是 $8(2^3)$，**0** 的位权是 $4(2^2)$，第二个 **1** 的位权是 $2(2^1)$，第三个 **1** 的位权是 $1(2^0)$。同样的数码在不同的数位上代表的数值不同。

一般地，N 进制需要用到 N 个数码，基数是 N；运算规律为逢 N 进一。

如果一个 N 进制数 M 包含 n 位整数和 m 位小数，即

$$(M)_N = (a_{n-1}\, a_{n-2} \cdots a_1\, a_0\, a_{-1}\, a_{-2} \cdots a_{-m})_N$$

则该数的权展开式为

$$(M)_N = a_{n-1} \times N^{n-1} + a_{n-2} \times N^{n-2} + \cdots + a_1 \times N^1 + a_0 \times N^0 + a_{-1} \times N^{-1} + a_{-2} \times N^{-2} + \cdots + a_{-m} \times N^{-m}$$

由权展开式很容易将一个 N 进制数转换为十进制数。

1)十进制

十进制数的计数法则是：计数的基数是 10，数码有 0、1、2、3、4、5、6、7、8、9。从低位到高位的进位法则是"逢十进一"，即 9+1=10。

十进制数的权展开式例子：

$$(5555)_{10} = 5 \times 10^3 + 5 \times 10^2 + 5 \times 10^1 + 5 \times 10^0$$

10^3、10^2、10^1、10^0 称为十进制的权，各数位的权是 10 的幂。

又如，

$$(209.04)_{10} = 2 \times 10^2 + 0 \times 10^1 + 9 \times 10^0 + 0 \times 10^{-1} + 4 \times 10^{-2}$$

以上公式括号的脚标 10 代表十进制数，也可以用脚标 D(decimal)来表示。

2）二进制

二进制数的计数法则是：计数的基数是 2，数码有 **0**、**1**。从低位到高位的进位法则是"逢二进一"，即 **1+1=10**。

二进制数的权展开式例子：

$$(1011)_2=1\times2^3+0\times2^2+1\times2^1+1\times2^0=(11)_{10}$$

2^3、2^2、2^1、2^0 称为二进制的权，各数位的权是 2 的幂。

又如，

$$(101.01)_2=1\times2^2+0\times2^1+1\times2^0+0\times2^{-1}+1\times2^{-2}$$

以上公式括号的脚标 2 代表二进制数，也可以用脚标 B（binary）来表示。表达式中的 2^3、2^2、2^1、2^0 等是根据十进制数的运算法则来计算的，所以该表达式也是沟通二进制数和十进制数之间转换关系的桥梁。

二进制数只有 **0** 和 **1** 两个数码，它的每一位都可以用电子元件的"通"或"断"两个稳定状态来实现，通常用 **1** 表示"通"，用 **0** 表示"断"。运算规则简单，相应的运算电路也容易实现。运算规则如下。

加法规则：**0+0=0，0+1=1，1+0=1，1+1=10**

乘法规则：**0·0=0，0·1=0，1·0=0，1·1=1**

3）八进制

八进制数的计数法则是：计数的基数是 8，数码有 0、1、2、3、4、5、6、7。从低位到高位的进位法则是"逢八进一"，即 7+1=10。

八进制数的权展开式例子：

$$(167)_8=1\times8^2+6\times8^1+7\times8^0=(119)_{10}$$

8^2、8^1、8^0 称为八进制的权，各数位的权是 8 的幂。

又如，

$$(24.5)_8=2\times8^1+4\times8^0+5\times8^{-1}=(20.625)_{10}$$

以上公式括号的脚标 8 代表八进制数，也可以用脚标 O（octal）来表示。表达式中的 8^2、8^1、8^0 等是根据十进制数的运算法则来计算的，所以该表达式也是沟通八进制数和十进制数之间转换关系的桥梁。

4）十六进制

为了解决二进制数不容易阅读和记忆的问题，人们引入了十六进制数。

十六进制数的计数法则是：计数的基数是 16，数码有 0、1、2、3、4、5、6、7、8、9、A、B、C、D、E、F。从低位到高位的进位法则是"逢十六进一"，即 F+1=10。

十六进制数的权展开式例子：

$$(1A2B)_{16}=1\times16^3+10\times16^2+2\times16^1+11\times16^0=(6699)_{10}$$

16^3、16^2、16^1、16^0 称为十六进制的权，各数位的权是 16 的幂。

又如，

$$(D8.A)_{16}=13\times16^1+8\times16^0+10\times16^{-1}=(216.625)_{10}$$

以上公式括号的脚标 16 代表十六进制数，也可以用脚标 H（hexadecimal）来表示。表达式中的 16^3、16^2、16^1、16^0 等是根据十进制数的运算法则来计算的，所以该表达式也是沟通十六进制数和十进制数之间转换关系的桥梁。

5）数制的转换

用数字电路实现十进制数很困难。因为构成计数电路的基本思路是把电路的状态与数码对应起来，而十进制的十个数码就必须由十个不同的且能够严格区分的电路状态来分别加以描述，这样将在技术上带来很多困难，而且花销较大。因此在计数电路中一般不直接采用十进制数，而是采用只有两个数码 **0** 和 **1** 的二进制数，二进制数可以用电子电路的开关特性实现。但二进制数存在书写太长、记忆不便等缺点，所以在数字计算机的资料中又常采用八进制数和十六进制数来表示二进制数。

由此可见，各数制都有自己的用处，因此就涉及了各数制之间转换的问题。

根据前面介绍的知识，由权展开式即可很容易将一个 N 进制数转换为十进制数。下面主要介绍如何将十进制数转换成 N 进制数。方法是将整数部分和小数部分分别进行转换，整数部分采用**基数连除取余法**；小数部分采用**基数连乘取整法**；最后将整数部分和小数部分组合到一起，就得到该十进制数转换成其他进制数的完整结果。

例 5-1 十进制数转换成二进制数，整数部分采用"除 2 取余"法，小数部分采用"乘 2 取整"法。

将 $(35.75)_{10}$ 转换成二进制数的运算过程如下所示。

将整数部分和小数部分运算结果合并起来得到总的结果为

$$(35.75)_{10} = (\textbf{100011.11})_2$$

例 5-2 十进制数转换成十六进制数，整数部分采用"除 16 取余"法，小数部分采用"乘 16 取整"法。

将 $(2619.75)_{10}$ 转换成十六进制数的运算过程如下所示。

将整数部分和小数部分运算结果合并起来得到总的结果为

$$(2619.75)_{10} = (A3B.C)_{16}$$

2．码制

数字系统只能识别 **0** 和 **1**，怎样才能表示更多的数码、符号、字母呢？用编码可以解决此问题。

码制即编码体制，在数字电路中主要是指用一定位数的二进制数来表示非二进制数以及字符的编码方法和规则。下面介绍几种常见的码制。

(1)二-十进制码(BCD 码)：把十进制数中的 0～9 十个数码用二进制数来表示。因为十进制数有 0～9 十个计数符号，为了表示这十个符号，至少需要 4 位二进制码。4 位二进制码共有 2^4=16 种不同的组合，可以从中选十种来表示十进制数中的 0～9，不同的选择方法可得到不同的编码类型，如表 5-2 所示。

表 5-2　不同编码类型

十进制数	编码类型				
	8421 码	余 3 码	2421 码	5211 码	余 3 循环码
0	0000	0011	0000	0000	0010
1	0001	0100	0001	0001	0110
2	0010	0101	0010	0100	0111
3	0011	0110	0011	0101	0101
4	0100	0111	0100	0111	0100
5	0101	1000	1011	1000	1100
6	0110	1001	1100	1001	1101
7	0111	1010	1101	1100	1111
8	1000	1011	1110	1101	1110
9	1001	1100	1111	1111	1010
权	权值依次为8、4、2、1	由 8421 码加 **0011** 得到	权值依次为2、4、2、1	权值依次为5、2、1、1	任何相邻的两个码字，仅有 1 位代码不同

(2)ASCⅡ码(美国标准信息交换码)：通常，人们可以通过键盘上的字母、符号和数值向计算机发送数据和指令，每个键符可以用一个二进制码表示，这种码就是 ASCⅡ码。它是用 7 位二进制码表示的。

比如，键盘上的 A～Z 为 41H～5AH；a～z 为 61H～7AH；0～9 为 30H～39H，都是转换成十六进制描述的。

5.1.2　逻辑代数基础

逻辑代数是分析设计逻辑电路的数学工具。

在逻辑代数中，只有与(乘)、或(加)、非运算，没有减、除、移项运算。

1．与运算

与运算：决定某件事的所有条件都具备，结果才发生。

用串联开关电路来说明与运算，如图 5-2 所示。

两个开关 A 和 B 串联起来控制一个指示灯 Y，只有当两个开关同时闭合时，指示灯才亮，只要有一个开关断开，指示灯

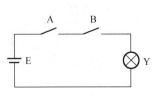

图 5-2　串联开关电路图

就灭。功能表如表 5-3 所示。假设开关闭合用 **1** 表示，断开用 **0** 表示；灯亮用 **1** 表示，灯灭用 **0** 表示。电路所表示的关系可以用表 5-4 所示的真值表来表示。

表 5-3　功能表

A	B	Y
断开	断开	灯灭
断开	闭合	灯灭
闭合	断开	灯灭
闭合	闭合	灯亮

表 5-4　真值表

A	B	Y
0	**0**	**0**
0	**1**	**0**
1	**0**	**0**
1	**1**	**1**

由此可见，图 5-2 所表示的逻辑关系是：决定事件的全部条件都满足时，事件才发生，这就是与逻辑关系。可以概括为：全 **1** 出 **1**，有 **0** 出 **0**。用表达式表示为

$$Y = A \cdot B = AB$$

式中，小圆点"·"表示 A、B 的与运算，又称为逻辑乘。

实际电路中，可以用如图 5-3(a)所示的电路实现与逻辑，称为二极管与门电路，图 5-3(b)是其逻辑符号。

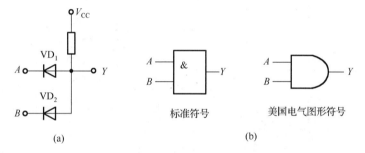

图 5-3　二极管与门电路

电路工作时，设电路工作电压 V_{CC}=+5V，当输入信号 A、B 都是低电平信号(0V)时，二极管 VD_1 和 VD_2 都处于正向偏置导通状态，输出电压 Y 为低电平信号(0.7V)；当输入信号 A 是低电平信号(0V)，B 是高电平信号(3V)时，二极管 VD_1 处于正向偏置导通状态，VD_2 处于反向偏置截止状态，输出电压 Y 为低电平信号(0.7V)；当输入信号 A、B 都是高电平信号(3V)时，二极管 VD_1 和 VD_2 都处于正向偏置导通状态，输出电压 Y 为高电平信号(3.7V)。描述输出信号与输入信号之间逻辑关系的真值表如表 5-5 所示。

二极管与门电路结构简单，但仍存在不足，输出的高低电平数值和输入的高低电平数值相差一个二极管的导通压降，当多个门级联时会产生信号高、低电平的偏移，因此一般只用于集成电路内部的逻辑单元。

2．或运算

或运算：决定某件事的所有条件中只要有一个条件具备，结果就发生。

用并联开关电路图来说明**或**运算，如图 5-4 所示。

两个开关 A 和 B 并联起来控制一个指示灯 Y 的电路，只要有一个开关闭合，指示灯就会亮。功能表如表 5-6 所示。电路所表示的关系可以用表 5-7 所示的真值表来表示。

由此可见，图 5-4 所表示的逻辑关系是：决定事件的全部条件至少有一个满足时，事件就发生，这就是**或**逻辑关系。可以概括为：有 **1** 出 **1**，全 **0** 出 **0**。用表达式表示为

$$Y=A+B$$

故**或**逻辑关系又称为逻辑加。

表 5-5　真值表

A	B	Y
0(0V)	**0**(0V)	**0**(0.7V)
0(0V)	**1**(3V)	**0**(0.7V)
1(3V)	**0**(0V)	**0**(0.7V)
1(3V)	**1**(3V)	**1**(3.7V)

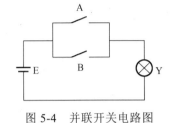

图 5-4　并联开关电路图

表 5-6　功能表

A	B	Y
断开	断开	灯灭
断开	闭合	灯亮
闭合	断开	灯亮
闭合	闭合	灯亮

表 5-7　真值表

A	B	Y
0	**0**	**0**
0	**1**	**1**
1	**0**	**1**
1	**1**	**1**

图 5-5(a)所示的电路可实现**或**逻辑，称为二极管**或**门电路，图 5-5(b)是其逻辑符号。

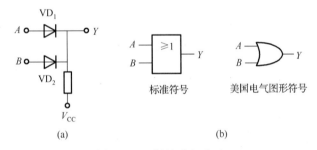

标准符号　　　　美国电气图形符号

(a)　　　　　　　　(b)

图 5-5　二极管或门电路

电路工作时，设电路工作电压 $V_{CC}=-5V$，当输入信号 A、B 都是低电平信号(0V)时，二极管 VD_1 和 VD_2 都处于正向偏置导通状态，输出电压 Y 为低电平信号(–0.7V)；当输入信号 A 是低电平信号(0V)，B 是高电平信号(3V)时，二极管 VD_1 处于反向偏置截止状态，VD_2 处于正向偏置导通状态，输出电压 Y 为低电平信号(2.3V)；当输入信号 A、B 都是高电平信号(3V)时，二极管 VD_1 和 VD_2 都处于正向偏置导通状态，输出电压 Y 为高电平信号(2.3V)。描述输出信号与输入信号之间逻辑关系的真值表如表 5-8 所示。**或**门电路同样存在输出电平偏移的问题。

3．非运算

非运算：决定某件事的条件具备时，结果反而不发生。

用开关电路图来说明非运算，如图 5-6 所示。

表 5-8   真值表

A	B	Y
0(0V)	**0**(0V)	**0**(−0.7V)
0(0V)	**1**(3V)	**0**(2.3V)
1(3V)	**0**(0V)	**0**(2.3V)
1(3V)	**1**(3V)	**1**(2.3V)

图 5-6   非逻辑开关电路图

当开关 A 断开时，指示灯亮；当开关 A 闭合时，指示灯灭。功能表如表 5-9 所示。假设开关闭合用 **1** 表示，断开用 **0** 表示；灯亮用 **1** 表示，灯灭用 **0** 表示。电路所表示的关系可以用表 5-10 所示的真值表来表示。

表 5-9   功能表

A	Y
断开	灯亮
闭合	灯灭

表 5-10 真值表

A	Y
0	1
1	0

由此可见，图 5-6 所表示的逻辑关系是：决定事件的条件满足时，事件不发生，这就是非逻辑关系。用表达式表示为

$$Y = \overline{A}$$

式中，"‾"表示非的意思，读作"非"或者"反"。

三极管在模拟电路中主要起放大作用，工作在放大区；在数字电路中，主要起开关作用，工作在饱和区或截止区。利用工作在饱和区或截止区的三极管可以组成三极管非门电路，如图 5-7(a)所示，图 5-7(b)是其逻辑符号。

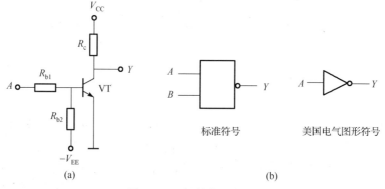

图 5-7   三极管非门电路

电路工作时，设电路工作电压 V_{CC}=5V，当输入信号 A 是低电平信号(0V)时，因三极管 VT 的基极 b 接有负电源−V_{EE}，发射结反偏，集电结反偏，三极管工作在截止区，相当于开关断开，输出电压 Y 为高电平信号(5V)；当输入信号 A 是高电平信号(5V)时，发射结正偏，集电结正偏，三极管工作在饱和区，相当于开关闭合，输出电压 Y 为低电平信号(0.3V)。描述输出信号与输入信号之间逻辑关系的真值表如表 5-11 所示。

表 5-11   真值表

A	Y
0(0V)	**0**(5V)
1(5V)	**1**(0.3V)

4．复合逻辑运算

实际应用时，经常把与、或、非三种基本逻辑运算组合成复合逻辑运算。在数字电路中，常用的复合逻辑运算有与非、或非、与或非、异或、同或等，对应的逻辑符号如表 5-12 所示。

表 5-12　复合逻辑运算

逻辑运算	表达式	逻辑符号	关系描述
与非	$Y = \overline{AB}$	A —— & —— Y B ——	全 1 出 0，全 0 出 1
或非	$Y = \overline{A+B}$	A —— ≥1 —— Y B ——	有 1 出 0，全 0 出 1
与或非	$Y = \overline{AB+CD}$	A —— & / ≥1 —— Y B —— C —— D ——	A、B 全 1 或 C、D 全 1 出 0
异或	$Y = A \oplus B = A\overline{B} + \overline{A}B$	A —— =1 —— Y B ——	相同出 0，不同出 1
同或	$Y = A \odot B = AB + \overline{A}\,\overline{B}$	A —— =1 —— Y B ——	相同出 1，不同出 0

5.1.3　集成逻辑门电路

常用的集成逻辑门电路，按照制造工艺不同，可分为 TTL（transistor-transistor logic）集成逻辑门电路和 CMOS（complementary metal oxide semiconductor）集成逻辑门电路。

1．TTL 集成逻辑门电路

逻辑电路的输入端和输出端都采用了三极管，称为 transistor transistor logic（三极管-三极管-逻辑电路），简称为 TTL，TTL 集成逻辑门电路是目前应用最广泛的集成电路。

TTL 集成逻辑门电路有与非门、与门、或门、或非门、与或非门、异或门、集电极开路门、三态门等，下面介绍其中几种。

1）TTL 与非门

TTL 与非门电路如图 5-8 所示，电路分为三级。

输入级由多发射极晶体管 VT_1（可视为由多个晶体管的集电极和基极并接在一起）和电阻 R_1 组成，等效电路如图 5-9 所示。由此可见，输入级可实现与逻辑功能。

中间级由电阻 R_2，R_3 和三极管 VT_2 组成。从 VT_2 的集电极和发射极同时输出两个相位相反的信号，作为输出级三极管 VT_3 和 VT_4 的驱动信号，使 VT_3、VT_4 一个导通，另一个截止，实现非逻辑功能。

输出级由三极管 VT_3 和 VT_4、电阻 R_4 及二极管 VD_3 组成，增强了带负载能力。

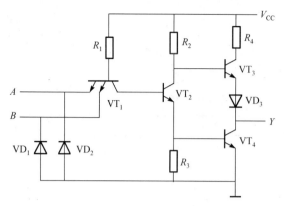

图 5-8　TTL 与非门电路

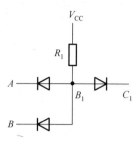

图 5-9　输入级等效电路

2) TTL 集电极开路门（OC 门）

前面介绍的 TTL 与非门电路，若将两个或两个以上的输出端直接并联使用，当出现一个门电路输出为高电平，另一个门电路输出为低电平时，两个门电路的输出电路上可能会流过很大的电流，使得电路的输出级因过流而损坏，所以输出端一般不能并联使用。

若删去电压跟随器，即去掉图 5-8 中的输出级三极管 VT_3 及周围的元件，将 VT_4 的集电极开路，就可以组成集电极开路的门电路，简称 OC 门（open collector gate）。集电极开路的门电路如图 5-10(a) 所示，图 5-10(b) 为其符号。

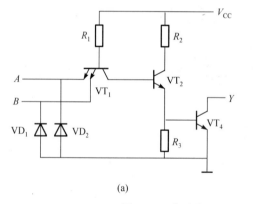

(a)　　　　　　　　　　　　(b)

图 5-10　集电极开路门电路

利用 OC 门可以实现**线与**逻辑。所谓**线与**，就是将若干个OC门的输出端并联（各输出端用一根导线直接连接起来），其输出为这些 OC 门原输出值的逻辑与。因为 VT_4 的集电极开路，门电路输出的高电平信号必须通过如图 5-11 所示的负载电阻 R 由电源 V_{CC} 来提供。负载电阻 R 的作用是：当 VT_4 截止时，将其集电极电位提高，使门电路能够输出高电平信号，所以负载电阻 R 又称为上拉电阻。图 5-11 所示电路的输出为 $Y = \overline{AB} \cdot \overline{CD}$。

OC 门还可以用于数字系统接口部分的电平转换、驱动指示灯、继电器等。

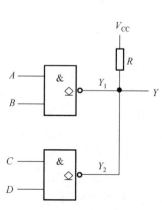

图 5-11　OC 门实现线与

3）三态门

前面介绍的逻辑门具有高电平、低电平两种状态，都是低阻输出。三态门除了具有以上两种状态外，还有第三种状态——高阻态。此状态时输出端相当于断开。

三态门电路如图 5-12（a）所示，增加了一个控制端（或称为使能端）$\overline{EN}$。若在 $\overline{EN}$ 控制端加低电平信号，经非门后，二极管 VD$_4$ 的负极为高电平，VD$_4$ 因反偏而截止，$\overline{EN}$ 控制端对与非门的逻辑状态不影响，此时，三态门相当于一个与非门电路。即当 $\overline{EN}$ =0 时，$Y= \overline{AB}$。

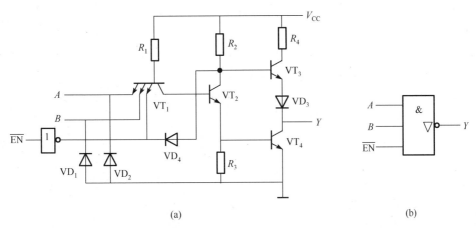

图 5-12 低电平有效的三态门

若在 $\overline{EN}$ 控制端加高电平信号，经非门后，二极管 VD$_4$ 的负极为低电平，VD$_4$ 因正偏而导通，三极管 VT$_2$ 的集电极和 VT$_3$ 的基极电位被钳位为低电平，VT$_3$ 和 VT$_4$ 同时截止，与非门的输出端对电源、地都是断开的，输出逻辑状态为不受输入信号影响的高阻态。

三态门常被用于总线结构，用一根总线轮流传送几个不同的数据或控制信号时，让连接在总线上的所有三态门控制端轮流处于高电平，任何时间只能有一个三态门处于工作状态，其余三态门均处于高阻态。这样，总线将轮流接收来自各个三态门的输出信号。这种利用总线来传送数据或信号的方法广泛应用于计算机技术中。

2. CMOS 集成逻辑门电路

CMOS 集成逻辑门电路是以金属氧化物半导体场效应管为基础的集成电路，由于场效应管中只有一种载流子参与运动，因此 CMOS 集成逻辑门电路又称为单极型电路。

场效应管输入电阻高，耗电少，特别易于大规模集成，在数字电路中得到了广泛的应用。下面介绍不同类型的 CMOS 集成逻辑门电路。

1）CMOS 非门

CMOS 非门电路也称反相器，结构图如图 5-13 所示。VT$_1$ 是 PMOS 管，VT$_2$ 是 NMOS 管，电路的输入端分别与 VT$_1$ 和 VT$_2$ 的 G 极连接，输出端分别与 VT$_1$ 和 VT$_2$ 的 D 极相连，PMOS 管的 S 极接电源 V_{DD}，NMOS 管的 S 极接地。

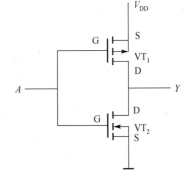

图 5-13 CMOS 非门电路

当 A 为高电平时，VT_1 截止，VT_2 导通，Y 为低电平，即 $A=1$，$Y=0$；当 A 为低电平时，VT_2 截止，VT_1 导通，Y 为高电平，也即 $A=0$，$Y=1$。

由此可见，CMOS 非门的输入端与输出端之间电平总是相反的，实际上，不管输入是高电平还是低电平，VT_1 和 VT_2 始终有一个处于截止状态，电源与地之间基本无电流通过，因此 CMOS 非门电路的功耗很低。

图 5-13 所示的电路是由两个不同性质的场效应管按照互补对称的形式连接的，该电路称为互补对称式金属氧化物半导体电路，简称 CMOS 电路。

2）CMOS 与非门

CMOS 与非门电路结构如图 5-14 所示。

VT_1、VT_2 为 PMOS 管，VT_3、VT_4 为 NMOS 管。VT_1 和 VT_4 的连接如同一个 CMOS 非门，VT_2 和 VT_3 的连接也如同一个 CMOS 非门。

当 A、B 均为高电平时，负载管 VT_1 和 VT_2 截止，驱动管 VT_3 和 VT_4 导通，Y 为低电平，即 $A=1$，$B=1$ 时，$Y=0$。

当 A、B 均为低电平时，VT_1 和 VT_2 导通，VT_3 和 VT_4 截止，Y 为高电平，即 $A=0$，$B=0$ 时，$Y=1$。

当 A 为低电平，B 为高电平时，A 的低电平使 VT_2 导通，VT_3 截止，B 的高电平使 VT_1 截止，VT_4 导通，所以 Y 输出高电平，即 $A=0$，$B=1$ 时，$Y=1$。

同理，当 A 为高电平，B 为低电平时，输出 $Y=1$。

输出信号和输入信号的逻辑关系（真值表）如表 5-13 所示。

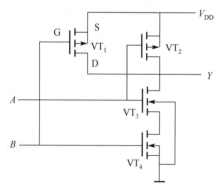

表 5-13 真值表

A	B	Y
0	0	1
0	1	1
1	0	1
1	1	0

图 5-14 CMOS 与非门电路

从上面的分析可知，当输入均为高电平时，输出为 **0**，只要有一个输入为低电平，输出就为 **1**，满足与非的逻辑。

3）CMOS 或非门

CMOS 或非门电路结构如图 5-15 所示。其中 VT_1、VT_2 为 PMOS 管，VT_3、VT_4 是 NMOS 管。

当 A、B 均为高电平时，负载管 VT_1 和 VT_2 截止，驱动管 VT_3 和 VT_4 导通，Y 为低电平，即 $A=1$，$B=1$ 时，$Y=0$。

当 A、B 均为低电平时，VT_1 和 VT_2 导通，VT_3 和 VT_4 截止，Y 为高电平，即 $A=0$，$B=0$ 时，$Y=1$。

当 A 为低电平，B 为高电平时，A 的低电平使 VT$_1$ 导通，VT$_3$ 截止，B 的高电平使 VT$_2$ 截止，VT$_4$ 导通，由于 VT$_2$ 截止，VT$_4$ 导通，因此 Y 为低电平，即 $A=0$，$B=1$ 时，$Y=0$。

同理，当 A 为高电平，B 为低电平时，输出 Y 为 **0**。

输出信号和输入信号的逻辑关系（真值表）如表 5-14 所示。

由此可见，当 A、B 均为低电平时，输出才是 **1**，满足**或非**门逻辑。

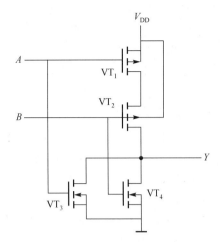

图 5-15 CMOS 或非门电路

4）CMOS 传输门

CMOS 传输门（transmission gate）是一种既可以传送数字信号又可以传输模拟信号的可控开关电路。CMOS 传输门由一个 PMOS 管和一个 NMOS 管并联构成，其具有很低的导通电阻（几百欧）和很高的截止电阻（大于 $10^9\Omega$）。

CMOS 传输门电路和逻辑符号如图 5-16 所示。

表 5-14 真值表

A	B	Y
0	0	1
0	1	0
1	0	0
1	1	0

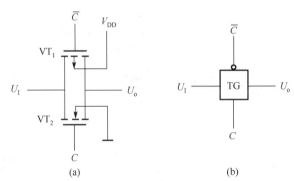

图 5-16 CMOS 传输门电路和逻辑符号

CMOS 传输门电路中的两个场效应管的栅极为传输门电路的控制端。

当 C 为高电平，$\bar{C}$ 为低电平时，CMOS 传输门导通，数据可以从左边传到右边，也可以从右边传到左边，即 CMOS 传输门可以实现数据的双向传输；当 C 为高电平，$\bar{C}$ 为低电平时，CMOS 传输门截止，输入和输出之间相当于开关断开，不能传输数据。

利用 CMOS 传输门和 CMOS 非门可以组成各种复杂的逻辑电路，如模拟开关，用来传输模拟信号，这是一般的逻辑门无法实现的。

3．集成逻辑门电路使用注意事项

1）使用 TTL 集成逻辑门电路的注意事项

（1）TTL 集成逻辑门电路对电源电压要求严格，电源电压不能高于 5.5V，不能将电源与地颠倒错接，否则将会因为电流过大造成器件损坏。对此可以为电源串接一个二极管加以保护。

（2）电路的各输入端不能直接与高于 5.5V 和低于 –0.5V 的低内阻电源连接，因为低内阻电源能提供较大的电流，导致器件因过热而烧坏。

（3）除三态门和集电极开路门电路外，输出端不允许并联使用。

（4）输出端不允许与电源或地短路，否则可能造成器件损坏，但可以通过电阻与地相连，提高输出电平。一般可以串接一个 2kΩ 左右的电阻。

（5）在电源接通时，不要移动或插入集成电路，因为电流的冲击可能会造成其永久性损坏。

（6）多余的输入端最好不要悬空。虽然悬空相当于高电平，并不影响与非门的逻辑功能，但悬空容易受干扰，有时会造成电路的误动作。多余输入端一般不采用悬空办法，而是根据需要加以处理。例如，与门、与非门的多余输入端可直接接到 V_{CC} 上；也可将不同的输入端通过一个公用电阻（几千欧）连到 V_{CC} 上；或将多余的输入端和使用端并联。不用的或门和或非门等器件的所有输入端接地，也可将它们的输出端连到不使用的与门输入端上。

2）使用 CMOS 集成逻辑门电路的注意事项

CMOS 集成逻辑门电路由于输入电阻很高，因此极易接收静电电荷。为了防止产生静电击穿，生产 CMOS 时，在输入端都要加上标准保护电路，但这并不能保证绝对安全，因此使用 CMOS 集成逻辑门电路时，要遵循以下注意事项。

（1）存放 CMOS 集成逻辑门电路时要屏蔽，一般放在金属容器中，也可以用金属箔将引脚短路。

（2）CMOS 集成逻辑门电路可以在很宽的电源电压范围内提供正常的逻辑功能，但电源的上限电压（实时瞬态电压）不得超过电路允许的极限值，电源的下限电压（实时瞬态电压）不得低于系统工作所必需的电源电压最低值 V_{min}，更不得低于 V_{SS}。

（3）组装调试 CMOS 集成逻辑门电路时，所有的仪器仪表、电路板等要可靠接地。还要注意输入端的静电防护和过流保护。

（4）多余输入端不能悬空。应根据电路的逻辑功能需要分情况加以处理。例如，与门和与非门的多余输入端应接到 V_{DD} 或高电平上；或门和或非门的多余输入端应接到低电平上；如果电路的工作速度不高，不需要特别考虑功耗，也可以将多余的输入端和使用端并联。

任务实施

任务目标

（1）熟悉 TTL 中小规模集成逻辑门电路的外形、引脚和使用方法。

（2）掌握常用电路的逻辑功能及测试方法。

（3）熟悉 OC 门、三态门的逻辑功能及仿真测试方法。

设备要求

（1）PC 一台。

（2）Multisim 软件。

实施步骤

1. 认识常用的数字集成逻辑门电路型号及引脚

利用集成逻辑门电路芯片搭建数字电路，关键是熟悉数字集成逻辑门电路的功能和引脚排列。常用的 TTL 逻辑门有 74LS08(与门)、74LS32(或门)、74LS04(非门)、74LS00(与非门)、74LS02(或非门)、74LS86(异或门)等;常用的 CMOS 逻辑门有 CC4081(74HC08)(与门)、CC4071(74HC32)(或门)、CC4069(74HC04)(非门)、CC4011(74HC00)(与非门)、CC4001(74HC02)(或非门)、CC403(74HC86)(异或门)。

图 5-17 所示是常用的小规模集成逻辑门电路的型号和引脚排列图。

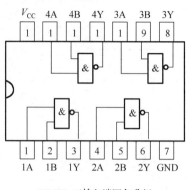

74LS00 二输入端四与非门

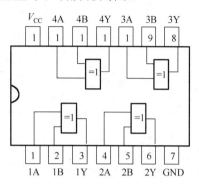

74LS86 二输入端四异或门

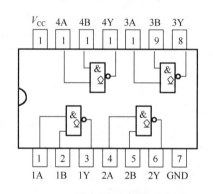

74LS01 二输入端四与非门(OC门)

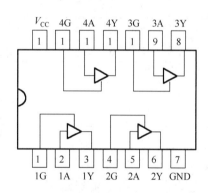

74LS126 三态门

图 5-17 小规模集成逻辑门电路的型号和引脚排列图

2. 常用的门电路逻辑功能仿真测试

1) 与非门电路逻辑功能仿真测试

与非门电路逻辑功能仿真测试电路如图 5-18 所示。

(1) 打开 Multisim 软件。参考图 5-18 放置(place)TTL 器件 74LS00 于工作区域。

(2) 在仪表(instruments)工作栏中放置逻辑转换仪(logic converter)于工作区域。

(3) 如图 5-18 所示,连接电路,并打开逻辑转换仪。

(4) 单击图 5-18 中逻辑转换仪中的 ⟶ 10|1 按钮,得到 74LS00 的真值表。

(5) 将测试结果填入表 5-15 中。

结论:

根据真值表,写出逻辑表达式为 $F =$ _____ ,则 74LS00 为 _____ 门电路。它的内部封装了 _____ 个门电路,其中 _____(填引脚号)分别是各个门的输入端, _____(填引脚号)分别是与其相对应的输出端。

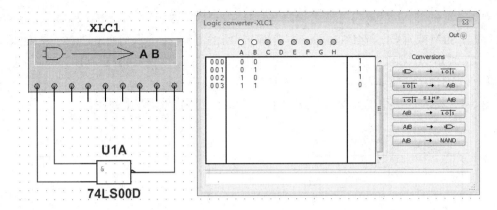

图 5-18　与非门电路逻辑功能仿真测试图[①]

2）异或门电路逻辑功能仿真测试

同以上步骤，将图 5-18 所示电路中的 74LS00 换为 74LS86，连接电路，将测试结果填入表 5-16 中。

表 5-15　74LS00 真值表

74LS00 逻辑功能测试结果		
A	B	Y
0	0	
0	1	
1	0	
1	1	

表 5-16　74LS86 真值表

74LS86 逻辑功能测试结果		
A	B	Y
0	0	
0	1	
1	0	
1	1	

结论：

根据真值表，写出逻辑表达式为 $F =$ _____，则 74LS86 为_____门电路。它的内部封装了_____个门电路。其中_____（填引脚号）分别是各门的输入端，_____（填引脚号）分别是与其相对应的输出端。

3）OC 门电路逻辑功能仿真测试

（1）打开 Multisim 软件，参考图 5-19 分别放置 TTL 器件（Place TTL→74LS）74LS01、电源 VCC 和地（Place Source→POWER_SOURCES）、双路转换开关（Place Basic→SWITCH→SPDT）和指示灯（Place Indicator→PROBE）于工作区域。

（2）如图 5-19 所示，连接电路，运行（RUN）仿真。

（3）分别将双路转换开关 S1、S2 转向 VCC（高电平 1）和 GND（低电平 0），观察输出逻辑状态，并填入表 5-17 中。

根据真值表可以看出，74LS01 的逻辑功能是 $Y =$ _____。

（4）按图 5-20 重新连接电路，按表 5-18 中数据改变输入状态，观察输出逻辑状态，填入表 5-18 中。

---

① 软件中，逻辑变量 *A*、*B*、*C*、*D* 等用正体表示。

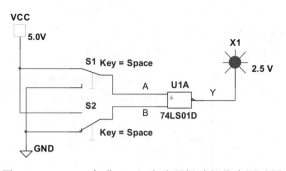

图 5-19　74LS01 与非 OC 门电路逻辑功能仿真测试图

表 5-17　74LS01 真值表

74LS01 逻辑功能测试结果		
A	B	Y
0	0	
0	1	
1	0	
1	1	

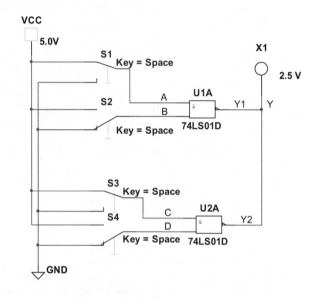

图 5-20　74LS01 线与 OC 门电路逻辑功能仿真测试图

表 5-18　74LS01 线与 OC 门电路真值表

74LS01 线与 OC 门电路逻辑功能测试结果									
A	B	C	D	Y	A	B	C	D	Y
0	0	0	0		0	0	1	0	
0	1	0	0		0	1	1	0	
1	0	0	0		1	0	1	0	
1	1	0	0		1	1	1	0	
0	0	0	1		0	0	1	1	
0	1	0	1		0	1	1	1	
1	0	0	1		1	0	1	1	
1	1	0	1		1	1	1	1	

　　OC 门电路的正确接法是：_____；输出 Y 的逻辑表达式为 $Y =$ _____。所以 OC 门电路可以实现_____功能。

4)三态门电路逻辑功能仿真测试

(1)打开 Multisim 软件，按图 5-21 连接仿真测试电路。

(2)分别将使能端接高电平和低电平，观察输出逻辑状态，填入表 5-19 中。

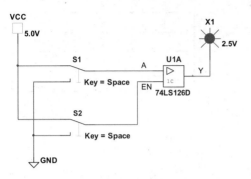

图 5-21　三态门电路逻辑功能仿真测试图

表 5-19　74LS126 逻辑功能测试结果

EN	A	Y
1	0	
1	1	
0	0	
0	1	

结论：

当 EN 为高电平时，输出状态_____（变化/不变化），输出为_____（0/1/高阻）；当 EN 为低电平时，输出状态_____（变化/不变化）。其逻辑表达式为_____。74LS126 是使能端_____（高电平/低电平）有效的三态门。

任务评价

任务 5.1 评价表如表 5-20 所示。

表 5-20　任务 5.1 评价表

任　务	内　容	分　值	考核要求	得　分
与非门电路逻辑功能测试	1. 绘制电路图 2. 设置电路参数 3. 观察并记录实验数据	20	能正确绘制电路图，会根据测试需求设置各参数，能正确完整记录实验数据，会分析与非门电路逻辑功能	
异或门电路逻辑功能测试	1. 绘制电路图 2. 设置电路参数 3. 观察并记录实验数据	20	能正确绘制电路图，会根据测试需求设置各参数，能正确完整记录实验数据，会分析异或门电路逻辑功能	
OC 门电路逻辑功能测试	1. 绘制电路图 2. 设置电路参数 3. 观察并记录实验数据	20	能正确绘制电路图，会根据测试需求设置各参数，能正确完整记录实验数据，会分析 OC 门电路逻辑功能	
三态门电路逻辑功能测试	1. 绘制电路图 2. 设置电路参数 3. 观察并记录实验数据	20	能正确绘制电路图，会根据测试需求设置各参数，能正确完整记录实验数据，会分析三态门电路逻辑功能	
技能拓展	1. 其他 TTL 门电路逻辑功能 2. CMOS 集成门电路逻辑功能测试及使用	10	会根据需求选择集成芯片；会对其他芯片进行功能测试及使用	
态度	1. 积极性 2. 遵守安全操作规程 3. 纪律和卫生情况	10	积极参加训练，遵守安全操作规程，保持工位整洁，有良好的职业道德及团队精神	
合计		100		

任务 5.2　逻辑函数化简

任务分析

前面介绍的各种逻辑运算用于表示输入逻辑变量与输出逻辑变量的逻辑关系。逻辑函数反映输出逻辑变量随着输入逻辑变量的变化而变化。对于同一逻辑问题，同一逻辑函数常有多种表达式，繁简不一。一般来说，逻辑函数表达式越简单，相应的逻辑电路图越简单，使用的器件就越少，可以节省硬件成本，提高电路可靠性，所以有必要进行逻辑函数化简。

下面介绍公式法和卡诺图法两种逻辑函数化简的方法。

知识链接

5.2.1　逻辑函数基本公式与定律

1. 常量与常量的关系

逻辑函数中只有 **0** 和 **1** 两个常量，这两个常量之间的关系为

$$0 \cdot 0 = 0 \qquad 0 \cdot 1 = 0 \qquad 1 \cdot 0 = 0 \qquad 1 \cdot 1 = 1$$
$$0 + 0 = 0 \qquad 0 + 1 = 1 \qquad 1 + 0 = 1 \qquad 1 + 1 = 1$$
$$\overline{0} = 1 \qquad\qquad \overline{1} = 0$$

2. 常量与变量的关系

逻辑函数的变量用字母来表示，常量与变量的关系为

$$0 \cdot A = 0 \quad 1 \cdot A = A \quad 0 + A = A \quad 1 + A = 1$$

3. 变量与变量的关系

逻辑函数中变量与变量的关系遵循一些基本定律，如表 5-21 所示。

表 5-21　逻辑函数基本定律

定 律 名 称	定律（逻辑与）	定律（逻辑或）
重叠律	$A \cdot A = A$	$A + A = A$
互补律	$\overline{A} \cdot A = 0$	$\overline{A} + A = 1$
交换律	$A \cdot B = B \cdot A$	$A + B = B + A$
结合律	$A \cdot (B \cdot C) = (A \cdot B) \cdot C$	$(A + B) + C = A + (B + C)$
分配律	$A \cdot (B + C) = A \cdot B + A \cdot C$	$A + B \cdot C = (A + B)(A + C)$
反演律（摩根定律）	$\overline{A \cdot B} = \overline{A} + \overline{B}$	$\overline{A + B} = \overline{A} \cdot \overline{B}$
吸收律	$A \cdot (A + B) = A$ $(A + B) \cdot (A + \overline{B}) = A$ $A \cdot (\overline{A} + B) = A \cdot B$	$A + A \cdot B = A$ $A \cdot B + A \cdot \overline{B} = A$ $A + \overline{A} \cdot B = A + B$
还原律	$\overline{\overline{A}} = A$	

4．常用公式

在逻辑函数的运算、化简及变换中，还经常用到以下公式。

1) $AB + \bar{A}C + BC = AB + \bar{A}C$

证明：在式子左边的 BC 项前乘以 $1(1 = \bar{A} + A)$，并利用分配律可得

$$AB + \bar{A}C + BC = AB + \bar{A}C + (\bar{A} + A)BC$$

$$= AB + \bar{A}C + \bar{A}BC + ABC$$
$$= AB(1 + C) + \bar{A}C(1 + B)$$
$$= AB + \bar{A}C$$

同理，可推导出 $AB + \bar{A}C + BCD = AB + \bar{A}C$。

2) $(\bar{A} + B)(A + C)(B + C) = (\bar{A} + B)(A + C)$

证明：将式子左边和右边利用分配律分别展开可得

$$(\bar{A} + B)(A + C)(B + C) = (\bar{A} + B)(A + C)B + (\bar{A} + B)(A + C)C$$

$$= (A + C)(\bar{A}B + B \cdot B) + (\bar{A} + B)(AC + C \cdot C)$$
$$= (A + C)(\bar{A}B + B) + (\bar{A} + B)(AC + C)$$
$$= (A + C)B(\bar{A} + 1) + (\bar{A} + B)C(A + 1)$$
$$= (A + C)B + (\bar{A} + B)C$$
$$= AB + CB + \bar{A}C + BC = AB + \bar{A}C + BC$$

$$(\bar{A} + B)(A + C) = \bar{A}A + BA + \bar{A}C + BC = AB + \bar{A}C + BC$$

由此可见，式子左、右两边相等。

5.2.2 逻辑函数基本运算规则

逻辑函数运算有三个基本规则：代入规则、反演规则和对偶规则。

1．代入规则

代入规则是指，在任何包含变量 A 的逻辑恒等式中，若以另外一个逻辑表达式代入此恒等式中所有 A 的位置，则等式仍然成立。

例如，反演律 $\overline{A \cdot B} = \bar{A} + \bar{B}$，若用 BC 代替式中 B，则 $\overline{A \cdot BC} = \bar{A} + \overline{BC} = \bar{A} + \bar{B} + \bar{C}$。由此可推导，反复使用反演律，多个逻辑变量的反演律可变为

$$\overline{A \cdot B \cdot C \cdots} = \bar{A} + \bar{B} + \bar{C} + \cdots \qquad \overline{A + B + C + \cdots} = \bar{A} \cdot \bar{B} \cdot \bar{C} \cdots$$

2．反演规则

反演规则是指对任意表达式 Y，若 Y 中所有的"·"变成"+"，所有的"+"变成"·"，常量 0 变成 1，常量 1 变成 0，原变量变成反变量，反变量变成原变量，即得到 $\bar{Y}$。

反演规则可以用来求一个逻辑函数的反函数。使用时应该注意运算顺序，先算括号内的表达式，再算逻辑乘，最后算逻辑加。当有两个或两个以上变量共用非号时，非号下面各变量、常量及运算符号遵循反演规则变换，而非号不变。

例如，$Y = A \cdot B + C + C \cdot D = (A \cdot B + C) + (C \cdot D)$，则 $\overline{Y} = (\overline{A} + \overline{B}) \cdot \overline{C} \cdot (\overline{C} + \overline{D})$。注意：适当地加括号可保证运算顺序。

再如，$Y = \overline{\overline{AB + C} + D + C}$，则 $\overline{Y} = \overline{(\overline{A} + \overline{B}) \cdot \overline{C}} \cdot \overline{D} \cdot \overline{C}$。注意：两个或两个以上变量共用非号时，非号不变。

3．对偶规则

对偶规则是指对任意表达式 Y，若 Y 中所有的"·"变成"+"，所有的"+"变成"·"，常量 0 变成 1，常量 1 变成 0，变量不变，即得到 Y'，Y' 称为 Y 的对偶式。

对偶规则的意义在于，如果两个函数相等，则它们的对偶函数也相等。使用时应该注意运算顺序，先算括号内的表达式，再算逻辑乘，最后算逻辑加。当有两个或两个以上变量共用非号时，非号下面各变量、常量及运算符号遵循反演规则变换，而非号不变。

对偶规则与反演规则唯一的区别在于，对偶规则在变换时逻辑变量不变。

例如，$Y = A \cdot B + C + C \cdot D = (A \cdot B + C) + (C \cdot D)$，则 $Y' = (A + B) \cdot C \cdot (C + D)$。注意：适当地加括号可保证运算顺序。

再如，$Y = \overline{\overline{AB + C} + D + C}$，则 $Y' = \overline{(A + B) \cdot C} \cdot D \cdot C$。注意：两个或两个以上变量共用非号时，非号不变。

5.2.3　逻辑函数化简

1．逻辑函数公式化简法

公式化简法就是反复利用逻辑函数的基本公式、定理、运算规则等，将逻辑函数表达式中多余的项和因子消掉。常用的方法有以下几种。

1）并项法

利用 $A + \overline{A} = 1$ 将两项合并成一项，消去一个变量。

例如，$Y = ABC + AB\overline{C} + A\overline{B} = AB(C + \overline{C}) + A\overline{B} = AB + A\overline{B} = A(B + \overline{B}) = A$。

2）吸收法

利用公式 $A + AB = A$ 消去多余的乘积项。

例如，$Y = AB + AB\overline{C} = AB(1 + \overline{C}) = AB$。

3）消去法

利用 $A + \overline{A}B = A + B$，消去多余的变量。

例如，$Y = \overline{A} + AB + ADE = \overline{A} + B + ADE = \overline{A} + ADE + B = \overline{A} + DE + B$。

4）配项法

利用 $A + \overline{A} = 1$ 和 $A\overline{A} = 0$，可以令逻辑函数表达式中某项乘以 $A + \overline{A}$（等于 1）或者加上 $A\overline{A}$（等于 0），展开配项，再与其他项合并化简。

例如，

$$
\begin{aligned}
Y &= A\overline{B} + B\overline{C} + \overline{B}C + \overline{A}B \\
&= A\overline{B} + B\overline{C} + (A + \overline{A})\overline{B}C + \overline{A}B(C + \overline{C}) \\
&= A\overline{B} + B\overline{C} + A\overline{B}C + \overline{A}\overline{B}C + \overline{A}BC + \overline{A}B\overline{C} \\
&= A\overline{B}(1 + C) + B\overline{C}(1 + \overline{A}) + \overline{A}C(1 + \overline{B}) \\
&= A\overline{B} + B\overline{C} + \overline{A}C
\end{aligned}
$$

在实际化简时，通常综合运用以上几种方法来实现。

2．卡诺图化简法

卡诺图化简法相对于公式法化简更加简便直观，容易掌握，在数字逻辑电路中使用广泛。要使用卡诺图化简法，首先要了解最小项的概念。

1）最小项

最小项是指在一个有 n 个输入变量的逻辑函数表达式中，所有输入变量以原变量或反变量形式仅出现一次的各种组合的与项。

例如，对于两个变量 A、B 来说，其最小项包括 $\overline{A}\overline{B}$、$\overline{A}B$、$A\overline{B}$、AB，共 2^2 项；对于三个变量 A、B、C 来说，其最小项包括 $\overline{A}\overline{B}\overline{C}$、$\overline{A}\overline{B}C$、$\overline{A}B\overline{C}$、$\overline{A}BC$、$A\overline{B}\overline{C}$、$A\overline{B}C$、$AB\overline{C}$、$ABC$ 共 2^3 项。一般来说，n 个逻辑变量有 2^n 个最小项。

最小项具有以下性质：

(1)在输入变量的任何取值下，必有一个最小项，且只有一个最小项的值为 **1**。

(2)全体最小项之和为 **1**，如三个变量所有最小项相加 $\overline{A}\overline{B}\overline{C}+\overline{A}\overline{B}C+\overline{A}B\overline{C}+\overline{A}BC+A\overline{B}\overline{C}+A\overline{B}C+AB\overline{C}+ABC=\overline{A}\overline{B}(\overline{C}+C)+\overline{A}B(\overline{C}+C)+A\overline{B}(\overline{C}+C)+AB(\overline{C}+C)=\overline{A}\overline{B}+\overline{A}B+A\overline{B}+AB=\overline{A}(\overline{B}+B)+A(\overline{B}+B)=\overline{A}+A=1$。

(3)任意两个最小项的乘积为 **0**，如 $AB\overline{C}\cdot ABC=0$。

(4)具有相邻性的两个最小项之和可以合并成一项，并消去一对因子。如 $\overline{A}B\overline{C}$ 和 $\overline{A}BC$ 是相邻项，则 $\overline{A}B\overline{C}+\overline{A}BC=\overline{A}B(\overline{C}+C)=\overline{A}B$，消去变量 C。

两个最小项的相邻性是指任何两个最小项，它们只有一个因子不同，其余因子都相同。例如，$\overline{A}B\overline{C}$ 与 $\overline{A}BC$ 具有相邻性；$\overline{A}BC$ 与 $A\overline{B}C$ 不具备相邻性，因为有它们有两个因子不同。

最小项通常可用符号 m_i 来表示。下标 i 的确定：把最小项中的原变量记为 **1**，反变量记为 **0**，当变量顺序确定后，可以按顺序排列成一个二进制数，则与这个二进制数相对应的十进制数就是这个最小项的下标 i。例如，$\overline{A}B\overline{C}$ 可表示为 **000**，写为 m_0，$A\overline{B}C$ 可表示为 **101**，写为 m_5。

2）最小项表达式

任意一个逻辑函数，都可以用若干个最小项的逻辑来表示，即最小项表达式，这个表达式是唯一的。如果列出了逻辑函数的真值表，则只要将函数值为 1 的那些最小项相加，便是函数的最小项表达式。

例如，已知逻辑状态表如表 5-22 所示，将逻辑状态表中 $Y=1$ 的各最小项相加，即可得最小项表达式为 $Y=\overline{A}\overline{B}C+A\overline{B}\overline{C}+A\overline{B}C+ABC=m_1+m_4+m_5+m_7$。

表 5-22　逻辑状态表

输入			输出
A	B	C	Y
0	0	0	0
0	0	1	1
0	1	0	0
0	1	1	0
1	0	0	1

续表

输入			输出
A	B	C	Y
1	0	1	1
1	1	0	0
1	1	1	1

　　若逻辑函数表达式不是最小项表达式形式，则可以通过基本公式、定律及运算规则等进行转换，转换成最小项表达式形式。

　　如三变量逻辑函数表达式 $Y = \overline{A}B + A\overline{C}$ 不是最小项表达式形式，可通过配项法转换成最小项表达式形式，有 $Y = \overline{A}B + A\overline{C} = \overline{A}B(C + \overline{C}) + A\overline{C}(B + \overline{B}) = \overline{A}BC + \overline{A}B\overline{C} + AB\overline{C} + A\overline{B}\overline{C}$。

　　3）卡诺图

　　卡诺图是一种平面方格图，是美国贝尔实验室的电信工程师莫里斯·卡诺（Maurice Karnaugh）在 1953 年根据维奇图改进而成的。

　　卡诺图中每个小方格代表一个最小项，既不重复又不遗漏，故 n 变量的卡诺图，小方块总数等于最小项总数，即 2^n。

　　卡诺图两个相邻的小方格所代表的最小项具有相邻性，即只允许一个变量不同。故在进行最小项排列时，输入变量不是按照二进制数的顺序排列的，而是按照循环码的顺序排列的。即二输入变量二进制数顺序为 $00 \rightarrow 01 \rightarrow 11 \rightarrow 10$。

　　卡诺图中最小项的排列方案不是唯一的，图 5-22 为二变量、三变量、四变量卡诺图的一种排列方案。图中，变量的坐标值 0 表示相应变量的反变量，1 表示相应变量的原变量。各小方格依变量顺序取坐标值，所得二进制数对应的十进制数即为相应最小项的下标 i。

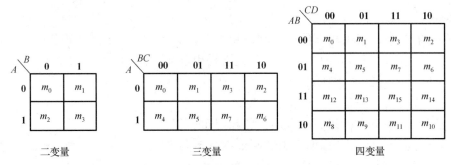

图 5-22　二变量、三变量、四变量卡诺图

　　4）逻辑函数在卡诺图上的表示方法

　　若已知逻辑函数表达式是标准的最小项表达式，只要将逻辑函数表达式中所出现的最小项用 1 表示，没有出现的最小项用 0 表示，填入卡诺图即可。

　　例如，三变量函数 $Y(A,B,C) = \overline{A}\overline{B}C + \overline{A}B\overline{C} + \overline{A}BC + ABC = m_1 + m_2 + m_3 + m_7$ 的卡诺图如图 5-23 所示。

　　若已知逻辑函数表达式不是标准的最小项表达式，可以先将其转换为最小项表达式，再填入卡诺图中；或者将其转换成标准的**与或**式，然后利用标准**与或**式来画卡诺图。

　　当逻辑函数为**与或**式时，可根据与的公共性和**或**的叠加性画出相应的卡诺图。

例如，四变量函数 $Y(A,B,C,D)=AB\overline{C}+A\overline{B}D+\overline{A}B$，根据标准**与或**式可得如图 5-24 所示的卡诺图。

A \ BC	00	01	11	10
0	0	1	1	1
1	0	0	1	0

图 5-23　三变量函数
$Y=m_1+m_2+m_3+m_7$ 的卡诺图

AB \ CD	00	01	11	10
00	0	0	0	0
01	1	1	1	1
11	1	1	0	0
10	0	1	1	0

图 5-24　四变量函数
$Y(A,B,C,D)=AB\overline{C}+A\overline{B}D+\overline{A}B$ 的卡诺图

填写该函数卡诺图时，只需在卡诺图上依次找出**与**项 $AB\overline{C}$、$A\overline{B}D$、$\overline{A}B$ 对应的小方格，填上 **1** 即可。**与**项 $AB\overline{C}$ 取变量 AB=**11**，C=**0**，对应卡诺图第三行的前两列，在这两个格子中填入 **1**；**与**项 $A\overline{B}D$ 取变量 AB=**10**，D=**1**，对应卡诺图的第四行的第二、三两列，在这两个格子中填入 **1**；**与**项 $\overline{A}B$ 取变量 AB=**01**，对应卡诺图的第二行，在这四个格子中填入 **1**。

为了叙述方便，通常将卡诺图上填 **1** 的小方格称为 **1** 方格，填 **0** 的小方格称为 **0** 方格。**0** 方格有时用空格表示。

5) 卡诺图化简的步骤

利用卡诺图化简逻辑函数的依据是：具有逻辑相邻性的最小项可以合并，消去不同的因子。在卡诺图上能够直观地显示出具有逻辑相邻性的最小项，当一个逻辑函数用卡诺图表示后，即可使用相邻最小项合并化简。用卡诺图化简逻辑函数步骤如下。

(1) 将给定的逻辑函数转换成最小项表达式的形式或转换成**与或**式形式。

(2) 将逻辑函数填入卡诺图。

(3) 合并最小项。找出相邻的最小项，将 2 个、4 个、8 个或 2^n 个相邻的最小项合并，保留相同的变量，消掉不同的变量。合并通常采用画包围圈的方法来实现。

画包围圈时应遵循的原则如下：

① 圈内方格数必须是 2^n 个，n=0,1,2,⋯；

② 相邻包括上下底相邻、左右边相邻和四角相邻；

③ 同一方格可以被重用，但重用时新圈中一定要有新成员加入，否则新圈就是多余的；

④ 每个圈内的方格数尽可能多，圈的总个数尽可能少。

(4) 写出最简**与或**表达式。将所有包围圈对应的乘积项相加。

图 5-25 给出了二、三、四变量卡诺图上相邻最小项合并的典型情况。

下面再用几个具体的例子来说明利用卡诺图化简逻辑函数的方法。

例 5-3　化简函数 $Y=\overline{A}\overline{B}C+\overline{A}B\overline{C}+\overline{A}BC+ABC$。

解：该函数的卡诺图如图 5-26 所示。根据画包围圈规则画如图所示的 3 个圈，将代表每个圈的乘积项相加，合并最小项，可得最简**与或**表达式 $Y=\overline{A}C+\overline{A}B+BC$。

例 5-4　化简函数 $Y=AB\overline{C}\overline{D}+A\overline{B}\overline{C}\overline{D}+A\overline{C}D+A\overline{B}\overline{D}+\overline{A}\overline{B}\overline{D}$。

解：将函数 Y 表示为最小项 $Y=AB\overline{C}\overline{D}+A\overline{B}\overline{C}\overline{D}+AB\overline{C}D+A\overline{B}\overline{C}D+A\overline{B}C\overline{D}+\overline{A}\overline{B}C\overline{D}+\overline{A}\overline{B}\overline{C}\overline{D}$，或者直接根据**与或**式画出卡诺图，如图 5-27 所示。

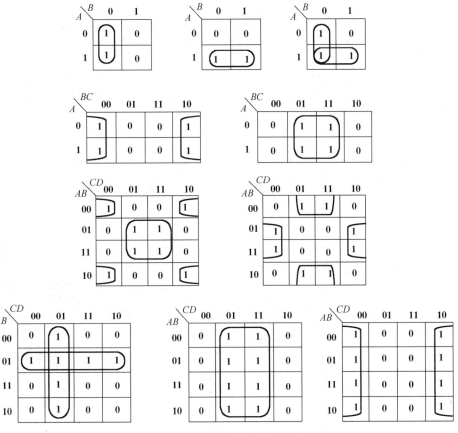

图 5-25 相邻最小项合并的典型情况

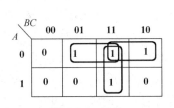

图 5-26 函数

$Y = \overline{A}\overline{B}C + \overline{A}B\overline{C} + \overline{A}BC + ABC$ 卡诺图

图 5-27 函数

$Y = AB\overline{C}\overline{D} + A\overline{B}\overline{C}\overline{D} + A\overline{C}D + A\overline{B}\overline{D} + \overline{A}\overline{B}\overline{D}$ 卡诺图

根据画包围圈的原则画如图所示的两个圈，将代表每个圈的乘积项相加，合并最小项，可得最简**与或**表达式 $Y = A\overline{C} + \overline{B}D$ 。

例 5-5 用卡诺图化简逻辑函数 $Y(A,B,C,D) = \sum m(2,3,6,7,8,10,12)$ 。

解： 画出卡诺图，如图 5-28 所示。

按照图中两种化简方法，得到的最简**与或**表达式为

$$Y(A,B,C,D) = \overline{A}C + A\overline{C}\overline{D} + A\overline{B}\overline{D}$$

$$Y(A,B,C,D) = \overline{A}C + A\overline{C}\overline{D} + \overline{B}C\overline{D}$$

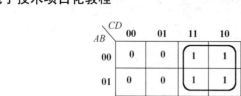

图 5-28　函数 $Y(A,B,C,D) = \sum m(2,3,6,7,8,10,12)$ 卡诺图

这里，函数 Y 的最简与或表达式有两个，其复杂程度相同。由此可见，一个函数的最简与或表达式不一定是唯一的。

6）无关项在逻辑函数化简中的应用

所谓无关项，是指逻辑函数中可以随意取值（可以为 **0**，也可以为 **1**）或不会出现的变量取值所对应的最小项，也称为约束项或任意项。

例如，规定 $A=1$ 表示电梯上升，$B=1$ 表示电梯下降，$C=1$ 表示电梯停止。因为电梯同时只能工作在一种状态下，所以 A、B、C 不能有两个或以上同时为 **1**，即 ABC 取值只能是 **001**、**010**、**100** 三种情况中的一种，不能出现 **000**、**011**、**101**、**110**、**111**。不会出现或不允许出现的情况对应的最小项属于无关项。用符号"φ""×"表示。无关项之和构成的逻辑表达式称为任意条件或约束条件，用一个值恒为 **0** 的条件等式表示，即 $Y = \overline{A}\,\overline{B}\,\overline{C} + \overline{A}BC + A\overline{B}C + AB\overline{C} + ABC = 0$。

在逻辑函数的化简中，合理利用无关项可以得到更加简单的逻辑表达式，其相应的逻辑电路也更简单。在化简过程中，无关项可视具体情况取 **0** 或取 **1**。具体地讲，如果无关项对化简有利，则取 **1**；如果无关项对化简不利，则取 **0**。

下面再用几个具体的例子来说明利用卡诺图化简具有约束条件的逻辑函数的方法。

例 5-6　用卡诺图化简具有约束条件的逻辑函数 $Y(A,B,C,D) = \overline{A}\,\overline{B}\,\overline{C}D + \overline{A}BCD + A\overline{B}\,\overline{C}D$。已知约束条件为 $\overline{A}B\overline{C}D + \overline{A}B\overline{C}\,\overline{D} + AB\overline{C}\,\overline{D} + A\overline{B}CD + ABCD + ABC\overline{D} + A\overline{B}C\overline{D} = 0$。

解：该逻辑函数的卡诺图如图 5-29 所示。

如果不利用无关项，逻辑函数已经是最简表达式。合理利用无关项，将无关项 $\overline{A}BCD$、$\overline{A}B\overline{C}D$、$AB\overline{C}D$、$ABC\overline{D}$、$A\overline{B}C\overline{D}$ 视为 **1**，$\overline{A}B\overline{C}\,\overline{D}$、$ABCD$ 视为 **0**。逻辑函数可以进一步化简，从图中包围圈可以看出，化简后表达式为 $Y = \overline{A}D + A\overline{D}$。

例 5-7　用卡诺图化简具有约束条件的逻辑函数 $Y(A,B,C,D) = \overline{A}C\overline{D} + \overline{A}\,\overline{B}CD + A\overline{B}\,\overline{C}D$。已知约束条件为 $\overline{A}\,\overline{B}\,\overline{C}D + A\overline{B}CD + AB\overline{C}\,\overline{D} + A\overline{B}\,\overline{C}\,\overline{D} + ABCD + ABC\overline{D} = 0$。

解：该逻辑函数的卡诺图如图 5-30 所示。

图 5-29　有约束条件的逻辑函数卡诺图（1）　　图 5-30　有约束条件的逻辑函数卡诺图（2）

如果不利用无关项，逻辑函数已经是最简表达式。合理利用无关项，将无关项 $A\overline{B}C\overline{D}$、$AB\overline{C}\overline{D}$、$ABC\overline{D}$ 视为 **1**，$\overline{A}\overline{B}CD$、$ABCD$ 视为 **0**，逻辑函数可以进一步化简，从图中包围圈可以看出，化简后表达式为 $Y = A\overline{D} + B\overline{D} + C\overline{D}$。

任务实施

任务目标

能够正确使用 Multisim 中的逻辑转换仪化简逻辑函数，以验证化简结果。

设备要求

(1) PC 一台。

(2) Multisim 软件。

实施步骤

1. 基本逻辑函数化简

(1) 打开 Multisim 软件。

(2) 用鼠标单击 Instruments(仪表)中的 Logic converter(逻辑转换仪)，并拉至工作区域。

(3) 双击逻辑转换仪，输入待化简的函数式，式中的非号用 "'" 代替。验证例 5-3 中逻辑函数的化简。在逻辑转换仪中输入函数式 $Y = \overline{A}\overline{B}C + \overline{A}B\overline{C} + \overline{A}BC + ABC$。

(4) 单击 $\boxed{\text{A|B} \quad \rightarrow \quad \overline{\text{1 0 1}}}$ 按钮(由逻辑表达式转换为真值表)，如图 5-31 所示。

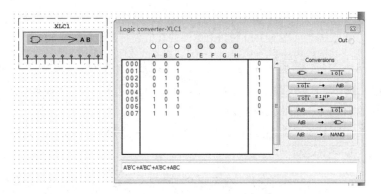

图 5-31　由逻辑表达式转换为真值表

(5) 单击 $\boxed{\overline{\text{1 0 1}} \quad \text{SIMP} \quad \text{A|B}}$ 按钮(由真值表转换为最简逻辑表达式)，得到最简与或表达式 $Y = \overline{A}C + \overline{A}B + BC$，见图 5-32。

(6) 用同样的方法验证例 5-4 中逻辑函数的化简结果。

2. 带约束条件的逻辑函数化简

(1) 打开 Multisim 软件。

(2) 用鼠标单击 Instruments(仪表)中的 Logic converter(逻辑转换仪)，并拉至工作区域。

(3) 双击逻辑转换仪，输入待化简的函数式，式中的非号用 "'" 代替。验证例 5-6

中带约束条件的逻辑函数的化简。在逻辑转换仪左侧框中选择 A、B、C、D，如图 5-33 所示。

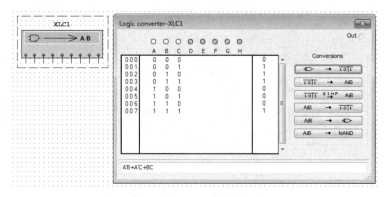

图 5-32　由真值表转换为最简与或表达式

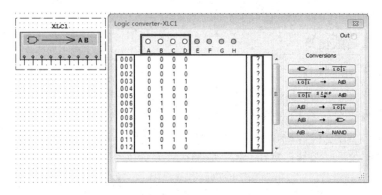

图 5-33　带约束条件的真值表转换过程

（4）根据例 5-6 中逻辑函数 $Y(A,B,C,D) = \overline{A}\overline{B}CD + \overline{A}BCD + A\overline{B}CD$ 及约束条件 $\overline{A}BCD + \overline{A}B\overline{C}D + AB\overline{C}D + A\overline{B}\overline{C}D + ABCD + ABC\overline{D} + A\overline{B}C\overline{D}$，单击问号"？"处修改值，允许值为 **1**，无关项为 ×，其他值为 **0**，如图 5-34 所示。

（5）单击 101 SIMP AIB 按钮（由真值表转换为最简与或表达式），得到最简逻辑表达式 $Y = \overline{A}D + A\overline{D}$，见图 5-34。

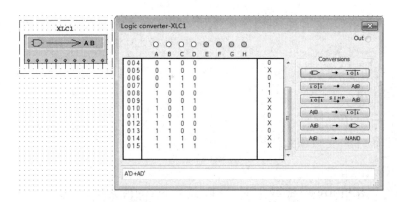

图 5-34　带约束条件的逻辑函数化简

(6)同样的方法验证例 5-7 中逻辑函数的化简结果。

任务评价

任务 5.2 评价表如表 5-23 所示。

表 5-23 任务 5.2 评价表

任 务	内 容	分 值	考 核 要 求	得 分
基本逻辑函数化简	1. 公式法化简 2. 卡诺图法化简 3. Multisim 验证化简结果	40	能够使用公式法和卡诺图法进行逻辑函数化简,会根据测试需求使用 Multisim 验证化简结果	
带约束条件的逻辑函数化简	1. 卡诺图法化简 2. Multisim 验证化简结果	40	能够使用卡诺图法进行具有约束条件的逻辑函数化简,会根据测试需求使用 Multisim 验证化简结果	
态度	1. 积极性 2. 遵守安全操作规程 3. 纪律和卫生情况	20	积极参加训练,遵守安全操作规程,保持工位整洁,有良好的职业道德及团队精神	
合计		100		

任务 5.3 设计三人投票表决器

任务分析

三人投票表决器用于实现:三人通过投票表决是否能够通过某项决策,若两人及以上同意,即决策通过,反之不通过。将三人分别用 A、B、C 表示,**1** 表示同意,**0** 表示不同意;决策用 Y 表示,**1** 表示通过,**0** 表示不通过。通过此方法将实际问题转换成逻辑问题并进行分析。

知识链接

5.3.1 逻辑函数的描述方法

逻辑函数有多种描述方法,常用的有逻辑函数表达式、真值表、逻辑电路图及卡诺图。各种描述方法之间可以相互转换。

1. 真值表

真值表是由输入变量的所有可能取值组合及其对应的函数值所构成的表格。对于逻辑函数来讲,每个变量均有 **0**、**1** 两种取值,n 个变量共有 2^n 种不同的取值,将这 2^n 种不同的取值按顺序(一般按二进制数递增规律)排列起来,同时在相应位置上填入函数的值,便可得到逻辑函数的真值表。

例如,对于上述的三人投票表决器,列出此逻辑问题对应的真值表,如表 5-24 所示。

表 5-24　三人投票表决器真值表

A	B	C	Y
0	0	0	0
0	0	1	0
0	1	0	0
0	1	1	1
1	0	0	0
1	0	1	1
1	1	0	1
1	1	1	1

2．逻辑函数表达式

逻辑函数表达式是由**与**、**或**、**非**表达式及其组合的复合逻辑运算表达式组成的代数式，用以表示逻辑变量之间的关系。找出真值表中结果为 **1** 的那些项，将其输入变量中值为 **0** 的写为反变量，值为 **1** 的写为原变量，各变量相**与**，再将所有项进行**或**运算，即得函数表达式。

如上述的三人投票表决器，真值表中 Y 为 **1** 的项有 $\overline{A}BC$、$A\overline{B}C$、$AB\overline{C}$、ABC。将这些项加起来即为其逻辑函数表达式：$Y = \overline{A}BC + A\overline{B}C + AB\overline{C} + ABC$。

通过前面讲到的公式法或卡诺图法即可对逻辑函数表达式进行化简，化简结果为 $Y = AB + AC + BC$。

3．逻辑电路图

逻辑电路图是由表示逻辑运算的逻辑符号构成的图形。

上述化简后的表达式 $Y = AB + AC + BC$ 是由**与**门和**或**门构成的，将其中的各逻辑变量之间的逻辑关系用逻辑符号表示后，即可构成三人投票表决器逻辑电路图，如图 5-35 所示。

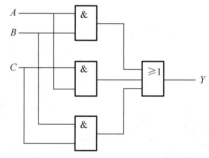

图 5-35　三人投票表决器逻辑电路图

由此可见，当逻辑函数表达式不同时，对应的逻辑电路图也会发生相应的改变。在解决实际问题时，我们可以根据现有的逻辑元件对逻辑函数表达式进行相应的变换。

通过上述描述可以看出，三种逻辑函数的描述方法是可以相互转换的。根据具体逻辑问题描述，可以抽象得到其对应的真值表；然后根据真值表，找出其中结果为 **1** 的那些项，将其对应输入变量值为 **0** 的写为反变量，值为 **1** 的写为原变量，各变量相**与**，再将所有项进行**或**运算，即可得到逻辑函数表达式；再将逻辑函数表达式通过公式法或卡诺图法进行化简，得到最简**与或**表达式；最后根据最简**与或**表达式画出其对应的逻辑电路图。反之亦然。

5.3.2　组合逻辑电路分析

组合逻辑电路是由各种逻辑门电路组合而成的，特点是电路某一时刻的输出状态只取

决于该时刻的输入信号，与前一时刻的输入信号无关。即组合逻辑电路不包括具有记忆功能的存储电路，这是与数字电路中另一大类电路(时序逻辑电路)最大的区别。

组合逻辑电路一般包括多个输入、一个或多个输出，如图 5-36 所示。

图 5-36 组合逻辑电路原理框图

1. 组合逻辑电路的分析

当给定一个组合逻辑电路图后，可以通过分析电路清楚其实现的逻辑功能。一般的分析步骤为：首先，根据组合逻辑电路图，从输入端逐级写出对应的逻辑函数表达式，直到输出端，并列出最终的逻辑函数表达式；然后运用公式法或卡诺图法进行化简，得到最简**与或**表达式；根据最简**与或**表达式列出真值表；最后根据真值表或逻辑函数表达式进行分析，明确电路的逻辑功能，如图 5-37 所示。

图 5-37 组合逻辑电路分析步骤

下面通过一些具体的例子来分析组合逻辑电路。

例 5-8 分析图 5-38 所示的组合逻辑电路对应的逻辑功能。

解： (1)根据组合逻辑电路图，从输入端逐级写出对应的逻辑函数表达式，直到输出端，并列出最终的逻辑函数表达式。

$$Y_1 = \overline{A}, \quad Y_2 = \overline{B}, \quad Y_3 = Y_1 B = \overline{A}B, \quad Y_4 = AY_2 = A\overline{B}, \quad Y = Y_3 + Y_4 = \overline{A}B + A\overline{B}$$

(2)运用公式法或卡诺图法进行化简，得到最简**与或**表达式，$Y = \overline{A}B + A\overline{B}$ 已经是最简**与或**表达式。

(3)根据最简**与或**表达式列出真值表，如表 5-25 所示。

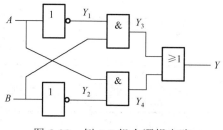

图 5-38 例 5-8 组合逻辑电路

表 5-25 真值表

A	B	Y
0	0	0
0	1	1
1	0	1
1	1	0

(4)根据真值表或逻辑函数表达式进行分析，逻辑电路有**异或**的功能。

例 5-9 分析图 5-39 所示的组合逻辑电路对应的逻辑功能。

解： (1)根据组合逻辑电路图，从输入端逐级写出对应的逻辑函数表达式，直到输出端，并列出最终的逻辑函数表达式，然后运用公式法或卡诺图法进行化简。

$$Y_1 = \overline{AB} = \overline{A} + \overline{B}$$

$$Y_2 = \overline{AY_1} = \overline{A(\overline{A} + \overline{B})} = \overline{A\overline{B}}$$

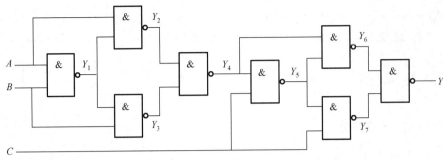

图 5-39 例 5-9 组合逻辑电路

$$Y_3 = \overline{BY_1} = \overline{B(\overline{A} + \overline{B})} = \overline{B}\overline{A}$$

$$Y_4 = \overline{Y_2 Y_3} = \overline{\overline{A\overline{B}} \cdot \overline{\overline{B}\overline{A}}} = A\overline{B} + B\overline{A}$$

$$Y_5 = \overline{Y_4 C} = \overline{Y_4} + \overline{C}$$

$$Y_6 = \overline{Y_4 Y_5} = \overline{Y_4 (\overline{Y_4} + \overline{C})} = \overline{Y_4 \overline{C}} = \overline{Y_4} + C$$

$$Y_7 = \overline{Y_5 C} = \overline{(\overline{Y_4} + \overline{C})C} = \overline{\overline{Y_4} C} = Y_4 + \overline{C}$$

$$Y = \overline{Y_6 Y_7} = \overline{(\overline{Y_4} + C)(Y_4 + \overline{C})} = \overline{\overline{Y_4} Y_4 + \overline{Y_4}\,\overline{C} + Y_4 C + C\overline{C}}$$

$$= \overline{\overline{Y_4}\,\overline{C} + Y_4 C} = \overline{Y_4}\,C + Y_4 \overline{C}$$

$$= (AB + \overline{A}\overline{B})C + (A\overline{B} + B\overline{A})\overline{C}$$

$$= ABC + \overline{A}\overline{B}C + A\overline{B}\,\overline{C} + \overline{A}B\overline{C}$$

(2)根据逻辑函数表达式列出真值表，如表 5-26 所示。

表 5-26 真值表

A	B	C	Y	A	B	C	Y
0	0	0	0	1	0	0	1
0	0	1	1	1	0	1	0
0	1	0	1	1	1	0	0
0	1	1	0	1	1	1	1

(3)根据真值表或逻辑函数表达式进行分析，逻辑电路功能为：当输入 A、B、C 中有奇数个 **1** 时，输出结果 Y 为 **1**，即判奇功能。

2．组合逻辑电路的设计

当给定一个具体的逻辑问题时，可以根据逻辑功能要求，进行组合逻辑电路设计。

一般的设计步骤为：首先，根据逻辑功能要求，将问题抽象成真值表；然后根据真值表写出对应的逻辑函数表达式；最后根据化简后的逻辑简表达式，选择合适的器件搭建组合逻辑电路，如图 5-40 所示。

下面通过一些具体的例子来学习组合逻辑电路的设计。

图 5-40 组合逻辑电路设计步骤

例 5-10 设计一个半加器(不考虑低位过来的进位),该电路有两个输入(A、B)和两个输出,其中一个输出为进位信号(C),另一输出为两个输入本位加和的结果(S)。

解: (1)根据逻辑功能要求,半加器真值表如表 5-27 所示。

(2)根据真值表写出对应的逻辑函数表达式 $C = AB$,$S = \overline{A}B + A\overline{B}$。

(3)根据逻辑函数表达式,选择合适的器件(**与**门和**异或**门)搭建组合逻辑电路。组合逻辑电路图如图 5-41 所示。

表 5-27 半加器真值表

A	B	C	S
0	0	0	0
0	1	0	1
1	0	0	1
1	1	1	0

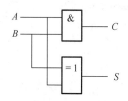

图 5-41 异或门构成的组合逻辑电路图

(4)若使用与非门来搭建组合逻辑电路,需要对逻辑函数表达式进行变换。

$$C = AB = \overline{\overline{AB}}$$

$$S = \overline{A}B + A\overline{B} = \overline{\overline{\overline{A}B + A\overline{B}}} = \overline{\overline{\overline{A}B} \cdot \overline{A\overline{B}}} = \overline{(A + \overline{B})(\overline{A} + B)}$$

$$= \overline{(AB + \overline{B})(\overline{A} + AB)} = \overline{\overline{(AB + \overline{B})}\overline{(\overline{A} + AB)}} = \overline{\overline{AB \cdot \overline{B}} \cdot \overline{A \cdot \overline{AB}}}$$

(5)根据与非表达式,画出组合逻辑电路图,如图 5-42 所示。

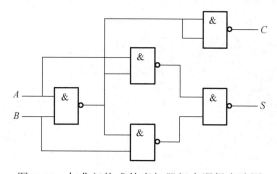

图 5-42 与非门构成的半加器组合逻辑电路图

➤➤ **任务实施**

任务目标

(1)掌握组合逻辑电路分析方法,能够写出逻辑函数表达式、测试电路逻辑功能。

（2）掌握组合逻辑电路设计方法，能够根据逻辑功能要求及给定器件，设计组合逻辑电路图。

设备要求

（1）PC 一台。

（2）Multisim 软件。

实施步骤

1. 组合逻辑电路的分析

（1）打开 Multisim 软件，验证例 5-9 中组合逻辑电路（见图 5-39）对应的逻辑功能。

（2）按图 5-43 连接仿真测试电路，用逻辑转换仪测试输出 Y 与输入 A、B、C 的逻辑关系。

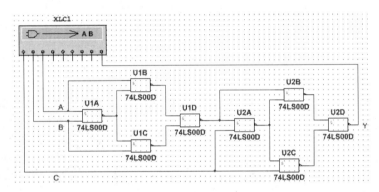

图 5-43　Multisim 绘制组合逻辑电路仿真测试图

（3）打开逻辑转换仪进行测试，单击 ⟶ 按钮，得到真值表，如图 5-44 所示。再单击 按钮，得到最简**与或**表达式 $F =$ _____。（注意：软件中的非号用"'"代替）

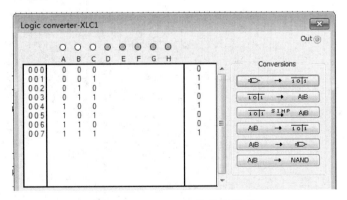

图 5-44　Multisim 仿真真值表

（4）从真值表中可以看出，在三个输入变量中，若有奇数个 **1**，则输出 Y 为 ____，否则为_____。所以电路的逻辑功能是判奇。

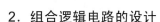

2．组合逻辑电路的设计

1）三人投票表决器设计

设计一个三人投票表决器，实现三人通过投票表决是否能够通过某项决策，若两人及以上同意，则决策通过，反之不通过。将三人分别用 A、B、C 表示，**1** 表示同意，**0** 表示不同意；决策用 Y 表示，**1** 表示通过，**0** 表示不通过。

(1)根据逻辑问题进行抽象，列出真值表，填入表 5-28 中。

(2)根据真值表，写出逻辑函数表达式 $Y=$＿＿＿＿＿＿＿＿＿＿＿＿。

(3)用 74LS08 二输入**与**门和 74LS32 二输入**或**门实现逻辑功能。画出组合逻辑电路图，并在 Multisim 中进行仿真验证，见图 5-45。

表 5-28 三人投票表决器真值表

A	B	C	Y
0	0	0	
0	0	1	
0	1	0	
0	1	1	
1	0	0	
1	0	1	
1	1	0	
1	1	1	

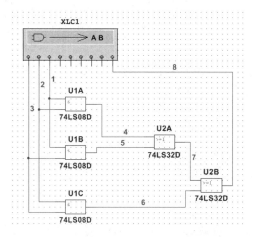

图 5-45 三人投票表决器仿真测试图

(4)打开逻辑转换仪进行测试，单击 🔲 → 🔟 按钮，得到真值表，与表 5-28 所示的真值表进行比较，验证设计结果的正确性。

2）全加器设计

设计一个全加器(考虑低位过来的进位)，该电路有三个输入(A、B、C_{i-1})和两个输出(C_0、S)。其中 A、B 为两个一位二进制数，C_{i-1} 为低位过来的进位；C_0 为本位加法进位信号，S 为两个输入本位加和的结果。

(1)根据逻辑问题进行抽象，列出真值表，填入表 5-29 中。

表 5-29 全加器真值表

A	B	C_{i-1}	C_0	S
0	0	0		
0	0	1		
0	1	0		
0	1	1		
1	0	0		
1	0	1		
1	1	0		
1	1	1		

(2)根据真值表，写出逻辑函数表达式 $C_o=$＿＿＿＿＿＿＿＿＿＿＿＿＿＿＿＿＿＿＿＿，
$S=$＿＿＿＿＿＿＿＿＿＿＿＿＿＿＿＿＿＿。

(3)若电路功能用 74LS00 二输入与非门和 74LS86 二输入**异或**门实现，需将 C_o 和 S 的表达式化简变换为与非-与非表达式或**异或**表达式，则有 $C_o=$＿＿＿＿＿＿＿＿＿＿＿＿＿＿＿，
$S=$＿＿＿＿＿＿＿＿＿＿＿＿＿＿＿＿＿。

(4)画出组合逻辑电路图，并在 Multisim 中进行仿真验证，见图 5-46。

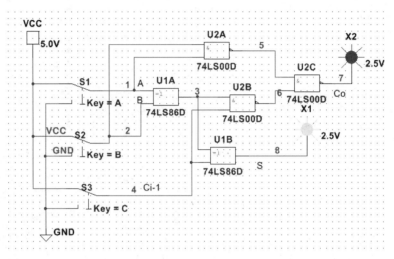

图 5-46 全加器仿真测试图

(5)分别转换开关 S1、S2、S3，对照表 4-23 所示的真值表进行比较，验证设计结果的正确性。

任务评价

任务 5.3 评价表如表 5-30 所示。

表 5-30 任务 5.3 评价表

任 务	内 容	分 值	考 核 要 求	得 分
组合逻辑电路分析	1. 绘制电路图 2. 观察并记录实验数据	30	能够根据给定的组合逻辑电路图，进行分析，得到真值表和逻辑函数表达式，会根据测试需求使用 Multisim 验证结果	
设计组合逻辑电路	1. 抽象逻辑问题形成真值表 2. 设计组合逻辑电路图 3. 观察并记录实验数据	50	能够根据给定的逻辑问题，抽象形成真值表，推导逻辑函数表达式，结合给定器件设计组合逻辑电路，会根据测试需求使用 Multisim 验证结果	
态度	1. 积极性 2. 遵守安全操作规程 3. 纪律和卫生情况	20	积极参加训练，遵守安全操作规程，保持工位整洁，有良好的职业道德及团队精神	
合计		100		

实训 5 三人投票表决器的设计与测试

实训 5.1 设计指标

(1)了解与门、或门、非门等逻辑门电路。

(2)会识别、选购常用电路元器件，掌握常用电路元器件的检测方法。

(3)认识用到的芯片功能，并能够正确判断芯片引脚。

(4)理解组合逻辑电路设计步骤，能够用基本逻辑门电路芯片进行三人投票表决器设计。

(5)能够通过测试论证设计的正确性，会根据电路原理及测试结果分析故障产生原因。

实训 5.2 设计任务

设计一个三人投票表决器，实现三人通过投票表决是否能够通过某项决策，若两人及以上同意，则决策通过，反之不通过。

(1)熟悉各集成逻辑元器件的性能，元器件安装符合工艺要求。

(2)熟悉 74LS00、74LS20 等芯片各引脚的功能及内部结构，学会使用各集成芯片组成逻辑电路。

(3)学会真值表、逻辑函数表达式与逻辑电路图之间的相互转换。

(4)完成三人投票表决器的组合逻辑电路设计、安装与调试。

实训 5.3 设计要求

(1)三人各有一个表决器按钮。

(2)三人中有两人及以上表决通过，决策才通过。

(3)用与非门来实现。

实训 5.4 设计步骤

1. 三人投票表决器组合逻辑电路设计

将三人分别用 A、B、C 表示，**1** 表示同意，**0** 表示不同意；决策用 Y 表示，**1** 表示通过，**0** 表示不通过。

(1)根据逻辑问题进行抽象，列出真值表，填入表 5-31 中。

(2)根据真值表，写出逻辑函数表达式 $Y=$ _____。

(3)把以上表达式化简变换为最简与非表达式 $Y=$ _____。

(4)在图 5-47 中补充出完整的组合逻辑电路图。

2. 三人投票表决器的制作

1)所用器材与设备

(1)直流稳压电源 1 台。

(2)通用面包板 1 块。

(3)二输入端四与非门 74LS00 1 片。

表 5-31 三人投票表决器真值表

A	B	C	Y
0	0	0	
0	0	1	
0	1	0	
0	1	1	
1	0	0	
1	0	1	
1	1	0	
1	1	1	

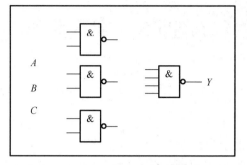

图 5-47 三人投票表决器组合逻辑电路图

(4)四输入端二与非门 74LS20 1 片。

(5)14 引脚 IC 插座 2 个。

(6)发光二极管 1 个。

(7)导线、电阻、按键若干。

2)三人投票表决器的制作步骤

(1)根据图 5-47 所示的组合逻辑电路图和提供的器材,完成实验电路,如图 5-48 所示。

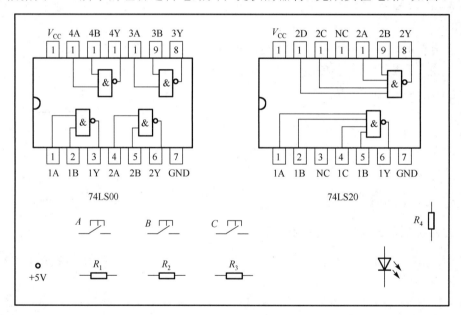

图 5-48 实验电路图

(2)根据图 5-48,按工艺要求完成电路制作。

安装时注意芯片不能装反,明确各引脚功能;对于同一信号,最好使用相同颜色的导线连接;对于四输入端二与非门 74LS20 来讲,对多余的输入端要进行正确的处理。

实训 5.5　电路调试与检测

单独或者同时按下两个或三个按钮,观察发光二极管的发光情况,与上述真值表进行对比,验证电路功能是否正确。

思考与练习 5

1. 分别将十进制数 27.625、100.25 和 30.725 转换成二进制数。

2. 分别将二进制数 **1011.110101** 和 **101011.1011** 转换成十进制数。

3. 试用真值表法证明下列逻辑等式。

(1) $AB + \overline{A}C + \overline{B}C = AB + C$。

(2) $A\overline{B} + \overline{A}B + BC = A\overline{B} + \overline{A}B + AC$。

4. 求下列各逻辑函数 F 的反函数 $\overline{F}$ 和对偶式 F'。

(1) $F = \overline{A + ABC + \overline{A}C}$。

(2) $F = \overline{\overline{AB} + \overline{BC} + \overline{D}} + AB + \overline{\overline{B} + C}$。

(3) $F = \overline{A + \overline{B} + CD}$。

5. 试用代数公式法证明题下列逻辑等式。

(1) $AB + \overline{A}C + \overline{B}C = AB + C$。

(2) $A\overline{B} + \overline{A}B + BC = A\overline{B} + \overline{A}B + AC$。

6. 用公式法化简下列逻辑函数为最简**与或**表达式。

(1) $F(A,B,C) = AB + AC + \overline{A}B + B\overline{C}$。

(2) $F(A,B,C,D) = \overline{A} + \overline{B} + \overline{C} + \overline{D} + ABCD$。

(3) $F(A,B,C) = A\overline{B} + \overline{AB} + \overline{A}BC$。

7. 用卡诺图法化简下列逻辑函数为最简**与或**表达式。

(1) $F(A,B,C) = A\overline{B} + \overline{AB} + \overline{A}BC$。

(2) $F(A,B,C) = AB + AC + \overline{A}B + B\overline{C}$。

(3) $F(A,B,C,D) = \overline{A} + \overline{B} + \overline{C} + \overline{D} + ABCD$。

(4) $F(A,B,C) = \sum m(3,5,6,7)$。

(5) $F(A,B,C,D) = \sum m(4,5,6,7,8,9,10,11,12,13)$。

8. 对具有无关项 $AB + AC = \mathbf{0}$ 的下列逻辑函数进行化简。

(1) $F(A,B,C,D) = \overline{A}\overline{B}C + \overline{A}BD + \overline{A}B\overline{D} + A\overline{B}\overline{C}D$。

(2) $F(A,B,C,D) = \overline{A}\overline{C}D + \overline{A}BCD + \overline{A}\overline{B}D + A\overline{B}\overline{C}D$。

9. 某组合逻辑电路有三个输入 A、B、C，一个输出 F，当输入信号中有奇数个 **1** 时，输出 F 为 **1**，否则输出为 **0**。试列出此逻辑函数的真值表，写出其逻辑函数表达式，并画出逻辑电路图。

10. 设计一个由三个输入端、一个输出端组成的判奇电路，其逻辑功能为：当奇数个输入信号为高电平时，输出为高电平，否则输出为低电平。要求列出真值表，画出电路图。

11. 用红、黄、绿三个指示灯表示三台设备的工作情况：绿灯亮表示全部正常；红灯亮表示有一台设备不正常；黄灯亮表示两台设备不正常；红、黄灯全亮表示三台设备都不正常。列出控制电路真值表，并画出电路图。

项目 6　多路抢答器电路的设计与测试

知识目标

➤ 熟悉典型的编码器、译码器集成电路引脚功能及使用方法。
➤ 了解数据选择器和分配器的基本原理和使用方法。

技能目标

➤ 能够根据逻辑功能及特性选用和代换集成电路。
➤ 能够进行中规模集成电路设计。

项目背景

在各种竞赛、抢答场合中，抢答器是必不可少的，它能够迅速、客观地分辨出最先抢到机会的选手。抢答器主要完成抢答功能，抢答开始后，参赛选手按动抢答器按钮，对输入信号进行锁存，禁止其他选手抢答，同时场地中的显示器上会显示参赛选手的编号。

抢答器主要由抢答开关阵列、优先编码器、锁存器、七段译码器、七段数码显示器和解锁电路等组成。其中优先编码器用于判断抢答选手的编号；锁存器对编号进行锁存，禁止其他选手抢答；七段译码器和七段数码显示器用于在数码管上显示抢答选手的编号；解锁电路用于在下一轮抢答开始时通过按键解锁电路，使之恢复到允许抢答的状态。抢答器组成框图如图 6-1 所示。

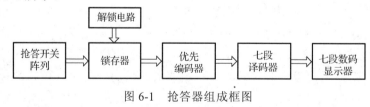

图 6-1　抢答器组成框图

任务 6.1　编码器逻辑功能测试

▶▶ 任务分析

在日常生活中，编码随处可见，例如，为学生分配学号，为手机用户分配不同的手机号码等都是编码。能够实现编码的电路称为编码器。在数字电路中，一般采用二进制编码。编码器就是一种能够将各种数码、符号转换成二进制数输出的器件。计算机的输入设备键盘中就含有编码器，按下一个键就会产生一个对应的二进制数输入计算机中。常见的编码器包括普通编码器和优先编码器。

本任务通过介绍一些常见的编码器，来讲解编码器的相关知识。

知识链接

6.1.1 编码器

在普通编码器中，任一时刻只允许一个编码信号输入，否则输出将会发生混乱。即编码器有若干个输入时，在某一时刻只有一个输入信号被转换为二进制数。假设一个编码器有 N 个输入端和 n 个输出端，则输出端与输入端之间应满足关系 $N \leq 2^n$。因为二进制只有 0 和 1 两个数码，所以 n 位二进制数最多可以表示 2^n 个值。例如，8 线-3 线编码器和 10 线-4 线编码器分别有 8 个输入、3 位二进制数 (2^3) 输出和 10 个输入、4 位二进制码 (2^4) 输出。

下面以 8 线-3 线编码器为例来介绍普通编码器。

1. 8 线-3 线编码器的真值表

下面分析 8 位输入、3 位二进制数输出的编码器的工作原理。编码器 8 个输入表示 0～7 八个不同工作状态，分别用 I_0～I_7 表示，当输入某一状态时用高电平 1 表示，其他未输入状态用低电平 0 表示。3 个输出表示输入状态对应的 3 位二进制数，分别用 Y_0、Y_1、Y_2 来表示。根据每次只允许输入一个编码信号的要求，可以得到编码器对应的真值表如表 6-1 所示。

表 6-1　8 线-3 线编码器真值表

I_0	I_1	I_2	I_3	I_4	I_5	I_6	I_7	Y_2	Y_1	Y_0
1	0	0	0	0	0	0	0	0	0	0
0	1	0	0	0	0	0	0	0	0	1
0	0	1	0	0	0	0	0	0	1	0
0	0	0	1	0	0	0	0	0	1	1
0	0	0	0	1	0	0	0	1	0	0
0	0	0	0	0	1	0	0	1	0	1
0	0	0	0	0	0	1	0	1	1	0
0	0	0	0	0	0	0	1	1	1	1

2. 根据 8 线-3 线编码器真值表得到对应的输出逻辑函数表达式

输出逻辑函数表达式：

$$Y_2 = \overline{I_0}\,\overline{I_1}\,\overline{I_2}\,\overline{I_3}\,I_4\,\overline{I_5}\,\overline{I_6}\,\overline{I_7} + \overline{I_0}\,\overline{I_1}\,\overline{I_2}\,\overline{I_3}\,\overline{I_4}\,I_5\,\overline{I_6}\,\overline{I_7} + \overline{I_0}\,\overline{I_1}\,\overline{I_2}\,\overline{I_3}\,\overline{I_4}\,\overline{I_5}\,I_6\,\overline{I_7} + \overline{I_0}\,\overline{I_1}\,\overline{I_2}\,\overline{I_3}\,\overline{I_4}\,\overline{I_5}\,\overline{I_6}\,I_7$$

$$Y_1 = \overline{I_0}\,\overline{I_1}\,I_2\,\overline{I_3}\,\overline{I_4}\,\overline{I_5}\,\overline{I_6}\,\overline{I_7} + \overline{I_0}\,\overline{I_1}\,\overline{I_2}\,I_3\,\overline{I_4}\,\overline{I_5}\,\overline{I_6}\,\overline{I_7} + \overline{I_0}\,\overline{I_1}\,\overline{I_2}\,\overline{I_3}\,\overline{I_4}\,\overline{I_5}\,I_6\,\overline{I_7} + \overline{I_0}\,\overline{I_1}\,\overline{I_2}\,\overline{I_3}\,\overline{I_4}\,\overline{I_5}\,\overline{I_6}\,I_7$$

$$Y_0 = \overline{I_0}\,I_1\,\overline{I_2}\,\overline{I_3}\,\overline{I_4}\,\overline{I_5}\,\overline{I_6}\,\overline{I_7} + \overline{I_0}\,\overline{I_1}\,\overline{I_2}\,I_3\,\overline{I_4}\,\overline{I_5}\,\overline{I_6}\,\overline{I_7} + \overline{I_0}\,\overline{I_1}\,\overline{I_2}\,\overline{I_3}\,\overline{I_4}\,I_5\,\overline{I_6}\,\overline{I_7} + \overline{I_0}\,\overline{I_1}\,\overline{I_2}\,\overline{I_3}\,\overline{I_3}\,\overline{I_5}\,\overline{I_6}\,I_7$$

因为普通编码器不允许有多个编码信号同时输入，则多个编码信号同时输入的组合就是无关项[除 $I_0\overline{I_1}\overline{I_1}\overline{I_3}\overline{I_4}\overline{I_5}\overline{I_6}\overline{I_7}$ (m_{128})、$\overline{I_0}I_1\overline{I_1}\overline{I_3}\overline{I_4}\overline{I_5}\overline{I_6}\overline{I_7}$ (m_{64})、$\overline{I_0}\overline{I_1}I_2\overline{I_3}\overline{I_4}\overline{I_5}\overline{I_6}\overline{I_7}$ (m_{32})、$\overline{I_0}\overline{I_1}\overline{I_2}I_3\overline{I_4}$ $\overline{I_5}\overline{I_6}\overline{I_7}$ (m_{16})、$\overline{I_0}\overline{I_1}\overline{I_2}\overline{I_3}I_4\overline{I_5}\overline{I_6}\overline{I_7}$ (m_8)、$\overline{I_0}\overline{I_1}\overline{I_2}\overline{I_3}\overline{I_4}I_5\overline{I_6}\overline{I_7}$ (m_4)、$\overline{I_0}\overline{I_1}\overline{I_2}\overline{I_3}\overline{I_4}\overline{I_5}I_6\overline{I_7}$ (m_2)、$\overline{I_0}\overline{I_1}\overline{I_2}\overline{I_3}$ $\overline{I_5}\overline{I_6}I_7$ (m_1)之外的最小项]。适当利用无关项，对上述输出的逻辑函数表达式进行化简，得

$$Y_2 = I_4 + I_5 + I_6 + I_7$$

$$Y_1 = I_2 + I_3 + I_6 + I_7$$

$$Y_0 = I_1 + I_3 + I_5 + I_7$$

3. 搭建编码器逻辑电路

根据化简后的逻辑函数表达式画出逻辑电路图，如图 6-2(a)所示。图 6-2(b)为其符号。

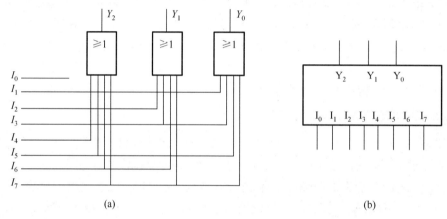

图 6-2　8 线-3 线编码器逻辑电路图和符号

该逻辑电路可以实现表 5-1 所示的功能，即当 $I_0 \sim I_7$ 中某一个输入为 **1** 时，输出 $Y_2Y_1Y_0$ 即为相对应的二进制数，例如，当 I_1 为 **1** 时，$Y_2Y_1Y_0$ 为 **001**。

若选择用与非门器件来搭建编码器电路，需用摩根定律将上式转换成与非式，有

$$Y_2 = I_4 + I_5 + I_6 + I_7 = \overline{\overline{I_4 + I_5 + I_6 + I_7}} = \overline{\overline{I_4}\,\overline{I_5}\,\overline{I_6}\,\overline{I_7}}$$

$$Y_1 = I_2 + I_3 + I_6 + I_7 = \overline{\overline{I_2 + I_3 + I_6 + I_7}} = \overline{\overline{I_2}\,\overline{I_3}\,\overline{I_6}\,\overline{I_7}}$$

$$Y_0 = I_1 + I_3 + I_5 + I_7 = \overline{\overline{I_1 + I_3 + I_5 + I_7}} = \overline{\overline{I_1}\,\overline{I_3}\,\overline{I_5}\,\overline{I_7}}$$

此时搭建的编码器逻辑电路如图 6-3(a)所示。图 6-3(b)为其符号。

图 6-3(a)所示的编码器逻辑电路输入变量为反变量，即编码器是对低电平 **0** 的输入信号进行编码的，称该编码器的输入信号为低电平有效。对应的图形符号在输入端有个小圆圈，表示低电平有效。其真值表如表 6-2 所示。

除了上面介绍的 8 线-3 线编码外，还有 10 线-4 线、16 线-4 线编码器等，设计的方法与上面介绍的方法相同。

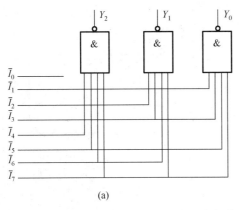

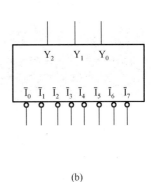

图 6-3 8 线-3 线编码器与非门逻辑电路图和符号

表 6-2 输入变量为反变量的 8 线-3 线编码器真值表

I_0	I_1	I_2	I_3	I_4	I_5	I_6	I_7	Y_2	Y_1	Y_0
0	**1**	**1**	**1**	**1**	**1**	**1**	**1**	**0**	**0**	**0**
1	**0**	**1**	**1**	**1**	**1**	**1**	**1**	**0**	**0**	**1**
1	**1**	**0**	**1**	**1**	**1**	**1**	**1**	**0**	**1**	**0**
1	**1**	**1**	**0**	**1**	**1**	**1**	**1**	**0**	**1**	**1**
1	**1**	**1**	**1**	**0**	**1**	**1**	**1**	**1**	**0**	**0**
1	**1**	**1**	**1**	**1**	**0**	**1**	**1**	**1**	**0**	**1**
1	**1**	**1**	**1**	**1**	**1**	**0**	**1**	**1**	**1**	**0**
1	**1**	**1**	**1**	**1**	**1**	**1**	**0**	**1**	**1**	**1**

6.1.2 优先编码器

前面介绍的普通编码器，任一时刻只允许一个编码信号输入，不允许同时输入多个信号，否则输出将会发生混乱。但在实际应用中，经常会出现同时输入两个或两个以上输入信号的情况，为了防止混乱发生，人们规定了编码器输入信号的优先级，即得到优先编码器。

优先编码器允许几个编码信号同时输入，但只对优先级最高的进行编码。在设计优先编码器时，已经将所有的输入信号按优先级排了队。在同时存在两个或两个以上输入信号时，优先编码器只按优先级最高的输入信号编码，优先级低的信号则不起作用。通常以输入信号的脚标为序，脚标最大的输入信号优先级最高。例如，同时输入 I_6 和 I_4 信号，I_6 的优先级高于 I_4，优先编码器仅对 I_6 编码，I_4 取值对编码器没有影响，在列真值表时用"×"表示。

1. 优先编码器 74LS148

优先编码器以标准 IC 形式提供，TTL 74LS148 是一个 8 线-3 线优先编码器，具有 8 个低电平有效(逻辑 **0**)输入，并输出优先级别最高的输入对应的 3 位二进制数。其实物及引脚图如图 6-4 所示。

图中，$\overline{I_0} \sim \overline{I_7}$ 为优先编码器的输入信号(低电平有效)；$\overline{Y_0} \sim \overline{Y_2}$ 为优先编码器的输出信号(低电平有效)；$\overline{ST}$ 为用于选通编码器的选通输入信号(低电平有效)；$\overline{Y}_S$ 为选通输出信号(低电平有效)；$\overline{Y}_{EX}$ 为用于扩展编码功能的扩展输出信号(低电平有效)。

(a)

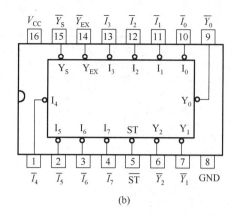
(b)

图 6-4　74LS148 优先编码器实物及引脚图

优先编码器 74LS148 的真值表如表 6-3 所示。

表 6-3　优先编码器 74LS148 的真值表

输 入 信 号									输 出 信 号				
$\overline{ST}$	$\overline{I_0}$	$\overline{I_1}$	$\overline{I_2}$	$\overline{I_3}$	$\overline{I_4}$	$\overline{I_5}$	$\overline{I_6}$	$\overline{I_7}$	$\overline{Y_2}$	$\overline{Y_1}$	$\overline{Y_0}$	$\overline{Y_S}$	$\overline{Y_{EX}}$
1	×	×	×	×	×	×	×	×	**1**	**1**	**1**	**1**	**1**
0	1	1	1	1	1	1	1	1	**1**	**1**	**1**	**0**	**1**
0	×	×	×	×	×	×	×	0	**0**	**0**	**0**	**1**	**0**
0	×	×	×	×	×	×	0	1	**0**	**0**	**1**	**1**	**0**
0	×	×	×	×	×	0	1	1	**0**	**1**	**0**	**1**	**0**
0	×	×	×	×	0	1	1	1	**0**	**1**	**1**	**1**	**0**
0	×	×	×	0	1	1	1	1	**1**	**0**	**0**	**1**	**0**
0	×	×	0	1	1	1	1	1	**1**	**0**	**1**	**1**	**0**
0	×	0	1	1	1	1	1	1	**1**	**1**	**0**	**1**	**0**
0	0	1	1	1	1	1	1	1	**1**	**1**	**1**	**1**	**0**

由真值表可见，选通输入信号 $\overline{ST}$ 低电平有效，当 $\overline{ST}=1$ 时，优先编码器禁止编码，无论输入信号 $\overline{I_0} \sim \overline{I_7}$ 取何值，输出全都为 1；只有当 $\overline{ST}=0$ 时，优先编码器才允许编码。

当 $\overline{ST}=0$，所有的输入信号 $\overline{I_0} \sim \overline{I_7}$ 都为 1 时，选通输出信号 $\overline{Y_S}=0$。$\overline{Y_S}=0$ 表明只有在允许编码且没有输入信号时，选通输出信号 $\overline{Y_S}$ 才有效。

当 $\overline{ST}=0$，输入信号 $\overline{I_0} \sim \overline{I_7}$ 中有任意一个为 0 时，选通输出信号 $\overline{Y_S}=1$，扩展输出信号 $\overline{Y_{EX}}=0$，表明优先编码器在允许编码且至少有一个输入信号时，$\overline{Y_{EX}}=0$；当允许编码但没有输入信号或者不允许编码时，$\overline{Y_{EX}}=1$。

允许编码时，当 $\overline{I_7}=0$ 时，无论其他输入端输入电平的高低，输出端都只输出 $\overline{I_7}$ 对应的编码，即 $\overline{Y_2}\overline{Y_1}\overline{Y_0}=000$（脚标大的输入信号优先级高，因为输出低电平有效，所以输出的是反码形式）。当 $\overline{I_7}=1$，$\overline{I_6}=0$ 时，无论其他输入端输入电平的高低，输出端都只输出 $\overline{I_6}$ 对应的编码，即 $\overline{Y_2}\overline{Y_1}\overline{Y_0}=001$。以此类推。

在真值表中有三种输出 $\overline{Y_2}\overline{Y_1}\overline{Y_0}=111$ 的情况，分别位于真值表的第一、二和最后一行。第一行输出全为 1 对应的是选通输入信号 $\overline{ST}=1$，优先编码器不工作；第二行输出全为 1 对应的是优先编码器允许编码但没有输入信号；最后一行输出全为 1 对应的是优先编码器允许编码，输入信号 $\overline{I}_0 = 0$，其他输入端无效，输出端输出 $\overline{I}_0$ 对应的编码。使用时要注意区分。

2. 74LS148 功能扩展

利用选通输入信号 $\overline{ST}$、选通输出信号 $\overline{Y}_S$ 和扩展输出信号 $\overline{Y}_{EX}$ 三个特殊功能信号可以将编码器灵活扩展。例如，用两片 74LS148 可以将 8 线-3 线优先编码器扩展为 16 线-4 线优先编码器，如图 6-5 所示。

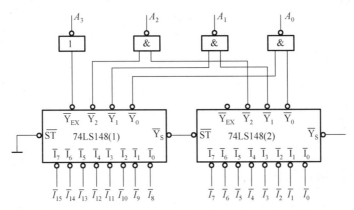

图 6-5 两片 74LS148 组成 16 线-4 线优先编码器

通过 74LS148 的真值表可知，优先编码器想要正常工作，选通输入信号 $\overline{ST}$ 要接低电平。从图 6-5 可知，第一片 74LS148 的选通输入信号 $\overline{ST}$ 接地，选通输出信号 $\overline{Y}_S$ 接到第二片 74LS148 的选通输入信号 $\overline{ST}$ 上。第一片的选通输出信号 $\overline{Y}_S$ 只有在所有的输入变量 $\overline{I}_0 \sim \overline{I}_7$ 都为 1，即没有输入信号时，才等于 0。这时第二片的选通输入信号 $\overline{ST}$ 才为低电平，第二片 74LS148 才允许编码，正常工作。由此可见，第一片优先编码器输入端的优先级别高于第二片优先编码器。故输入信号从 $\overline{I}_0 \sim \overline{I}_{15}$ 共 16 个，排列如图 6-5 所示。

16 个输入对应着 16 种不同状态，需要用 4 位二进制数 (2^4) 表示。对于 74LS148 来说，正常的输出只有 $\overline{Y}_2\overline{Y}_1\overline{Y}_0$ 3 位，只能输出 3 位二进制数。可以用第一片 74LS148 的扩展输出信号 $\overline{Y}_{EX}$ 作为第 4 位二进制输出信号，输出如图 6-5 所示。

这所以让两片 74LS148 输出 $\overline{Y}_2\overline{Y}_1\overline{Y}_0$ 用与非门合并输出，是因为假设输入信号为 $\overline{I}_{13}$，对应输出二进制数应为 **1101**；输入信号为 $\overline{I}_5$，对应输出二进制数应为 **0101**。可以看出输出的二进制数低 3 位都为 **101**，最高位不同。当输入信号为 $\overline{I}_{13}$ 时，第一片 74LS148 正常工作，输出信号 $\overline{Y}_2\overline{Y}_1\overline{Y}_0 = 010$，第二片 74LS148 不工作，输出信号 $\overline{Y}_2\overline{Y}_1\overline{Y}_0 = 111$。使用与非门将两路输出合并，与不工作的高电平相与，对于工作状态的优先编码器输出无影响，取非后将反码转换成原码 **101**。当输入信号为 $\overline{I}_5$ 时，第一片 74LS148 输入全为 **1**，选通输出信号 $\overline{Y}_S = 0$，输出信号 $\overline{Y}_2\overline{Y}_1\overline{Y}_0 = 111$；第二片 74LS148 选通输入信号 $\overline{ST} = 0$，正常工作，输出信号 $\overline{Y}_2\overline{Y}_1\overline{Y}_0 = 010$。同理，使用与非门将两路输出合并，与不工作的高电平相与，对于工作状态的优先编码器输出无影响，取非后将反码转换成原码 **101**。

第 4 位二进制输出信号可以用第一片 74LS148 的扩展输出信号 $\overline{Y}_{EX}$ 输出。当第一片 74LS148 有输入时，扩展输出信号 $\overline{Y}_{EX} = 0$；无输入时，扩展输出信号 $\overline{Y}_{EX} = 1$。由此可见，与对应输出二进制数高位刚好相反，其使用一个非门来实现。

以上介绍的 74LS148 是 8 线-3 线优先编码器。除此之外，常见的还有 10 线-4 线优先编码器 74LS147 等，使用方法基本与 74LS148 相同。

▶▶ 任务实施

任务目标

(1)熟悉优先编码器 74LS148 的引脚和逻辑功能，掌握其测试方法。

(2)能够将两片 74LS148 扩展成一个 16 线-4 线优先编码器。

设备要求

(1)PC 一台。

(2)Multisim 软件。

实施步骤

1. 测试 74LS148 的逻辑功能

(1)打开 Multisim 软件，按图 6-6 连接仿真测试电路。

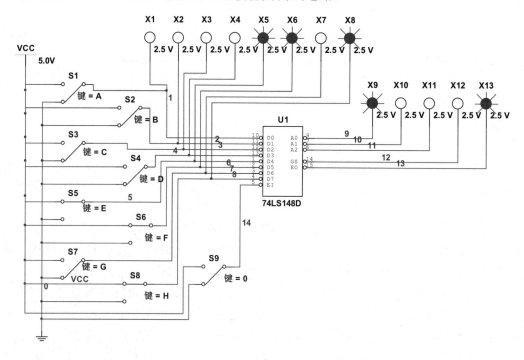

图 6-6　74LS148 逻辑功能仿真测试图

(2)将 $\overline{ST}$ (EI)接高电平，改变输入信号 $\overline{I}_0 \sim \overline{I}_7$ (D0~D7)的状态，观察输出信号 $\overline{Y}_2 \sim \overline{Y}_0$ (A2~A0)、$\overline{Y}_S$ (EO)和 $\overline{Y}_{EX}$ (GS)状态的变化情况，并将观察结果记录到表 6-4 中。

(3)将 $\overline{ST}$ (EI)接低电平，改变输入信号 $\overline{I}_0 \sim \overline{I}_7$ (D0~D7)的状态为全部高电平，观察输出信号 $\overline{Y}_2 \sim \overline{Y}_0$ (A2~A0)、$\overline{Y}_S$ (EO)和 $\overline{Y}_{EX}$ (GS)状态的变化情况，并将观察结果记录到表 6-4 中。

表 6-4 74LS148 真值表

$\overline{ST}$	$\overline{I_0}$	$\overline{I_1}$	$\overline{I_2}$	$\overline{I_3}$	$\overline{I_4}$	$\overline{I_5}$	$\overline{I_6}$	$\overline{I_7}$	$\overline{Y_2}$	$\overline{Y_1}$	$\overline{Y_0}$	$\overline{Y_S}$	$\overline{Y_{EX}}$
1	×	×	×	×	×	×	×	×					
0	1	1	1	1	1	1	1	1					
0	×	×	×	×	×	×	×	0					
0	×	×	×	×	×	×	0	1					
0	×	×	×	×	×	0	1	1					
0	×	×	×	×	0	1	1	1					
0	×	×	×	0	1	1	1	1					
0	×	×	0	1	1	1	1	1					
0	×	0	1	1	1	1	1	1					
0	0	1	1	1	1	1	1	1					

(4)将 $\overline{ST}$（EI）接低电平，按照表 6-4 改变输入信号 $\overline{I_0} \sim \overline{I_7}$（D0～D7）的状态，观察输出信号 $\overline{Y_2} \sim \overline{Y_0}$（A2～A0）、$\overline{Y_S}$（EO）和 $\overline{Y_{EX}}$（GS）状态的变化情况，并将观察结果记录到表 6-4 中。

通过以上测试可以得到结论：_____。

注意：74LS148 采用反码输出。

2．74LS148 扩展功能测试

（1）打开 Multisim 软件。

（2）根据图 6-7 在 Multisim 上进行电路连接，并验证功能。

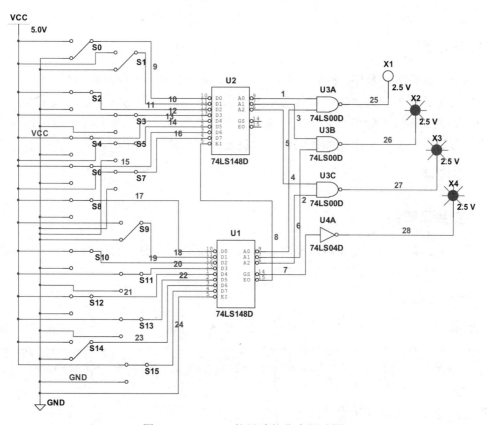

图 6-7 74LS148 扩展功能仿真测试图

(3)改变输入信号 $\overline{I}_0 \sim \overline{I}_{15}$（U1 和 U2 的 D0～D7）的状态，观察输出信号状态的变化情况，并记录观察结果。

任务评价

任务 6.1 评价表如表 6-5 所示。

表 6-5　任务 6.1 评价表

任务	内容	分值	考核要求	得分
74LS148 逻辑功能测试	1. 绘制电路图 2. 观察并记录实验数据	40	能够正确绘制电路图，会根据测试需求使用 Multisim 验证逻辑功能，并进行测试结果记录	
74LS148 扩展功能测试	1. 绘制电路图 2. 观察并记录实验数据	40	能够正确绘制电路图，会根据测试需求使用 Multisim 验证逻辑功能，并进行测试结果记录	
态度	1. 积极性 2. 遵守安全操作规程 3. 纪律和卫生情况	20	积极参加训练，遵守安全操作规程，保持工位整洁，有良好的职业道德及团队精神	
合计		100		

任务 6.2　译码器逻辑功能测试

任务分析

编码器能够将各种数码、符号转换成二进制数输出，译码器的功能刚好与编码器相反。译码器能够将输入的二进制数"翻译"成其对应的含义，以不同的输出状态输出。译码器是一类多输入、多输出的组合逻辑电路器件，可以分为变量译码器和显示译码器两类。

本任务通过介绍一些常见的译码器，来讲解译码器的相关知识。

知识链接

6.2.1　变量译码器

变量译码器是一种由较少输入变为较多输出的器件，常见的有 n 线-$2n$ 线译码器（如 3 线-8 线译码器）和 8421 BCD 码译码器两类。

1. 3 线-8 线译码器

3 线-8 线译码器，有 3 个输入变量（构成一个 3 位二进制数）和 8 个输出变量（分别表示 8 种不同状态与某一个 3 位二进制数对应）。假设三个输入变量分别为 A_0、A_1、A_2，8 个输出变量分别为 Y_0、Y_1、…、Y_7。根据输入与输出的关系，可以列出其对应的真值表，如表 6-6 所示。

根据真值表可得其逻辑表达式为

$$Y_0 = \overline{A}_2 \overline{A}_1 \overline{A}_0 = m_0 \qquad Y_1 = \overline{A}_2 \overline{A}_1 A_0 = m_1$$

$$Y_2 = \overline{A_2}A_1\overline{A_0} = m_2 \qquad Y_3 = \overline{A_2}A_1A_0 = m_3$$

$$Y_4 = A_2\overline{A_1}\,\overline{A_0} = m_4 \qquad Y_5 = A_2\overline{A_1}A_0 = m_5$$

$$Y_6 = A_2A_1\overline{A_0} = m_6 \qquad Y_7 = A_2A_1A_0 = m_7$$

从以上逻辑表达式可以看出，3 线-8 线译码器是一种能够输出全部最小项的电路。

表 6-6 3 线-8 线译码器真值表

A_2	A_1	A_0	Y_0	Y_1	Y_2	Y_3	Y_4	Y_5	Y_6	Y_7
0	0	0	1	0	0	0	0	0	0	0
0	0	1	0	1	0	0	0	0	0	0
0	1	0	0	0	1	0	0	0	0	0
0	1	1	0	0	0	1	0	0	0	0
1	0	0	0	0	0	0	1	0	0	0
1	0	1	0	0	0	0	0	1	0	0
1	1	0	0	0	0	0	0	0	1	0
1	1	1	0	0	0	0	0	0	0	1

根据表达式画出逻辑电路图，如图 6-8 所示。

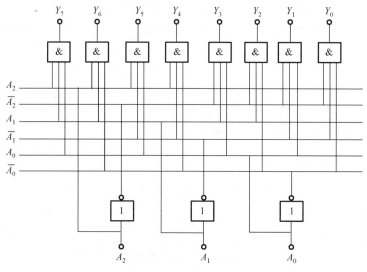

图 6-8 3 线-8 线译码器逻辑电路图

2. 译码器 74LS138

74LS138 是常用的 3 线-8 线译码器集成电路芯片，具有 3 个高电平有效（逻辑 **1**）的输入端，和 8 个低电平有效（逻辑 **0**）的输出端。其实物及引脚图如图 6-9 所示。

图中 A、B、C 为优先编码器的输入信号（高电平有效）；$\overline{Y_0} \sim \overline{Y_7}$ 为输出信号（低电平有效）；G_1、$\overline{G_{2A}}$、$\overline{G_{2B}}$ 为选通控制输入信号（G_1 高电平有效，$\overline{G_{2A}}$、$\overline{G_{2B}}$ 低电平有效）。

译码器 74LS138 真值表如表 6-7 所示。

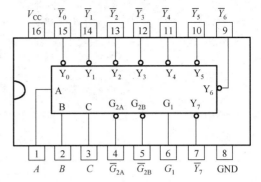

图 6-9 74LS138 实物及引脚图

表 6-7 译码器 74LS138 真值表

输 入 信 号					输 出 信 号							
G_1	$\bar{G}_{2A} + \bar{G}_{2B}$	C	B	A	$\bar{Y}_0$	$\bar{Y}_1$	$\bar{Y}_2$	$\bar{Y}_3$	$\bar{Y}_4$	$\bar{Y}_5$	$\bar{Y}_6$	$\bar{Y}_7$
0	×	×	×	×	1	1	1	1	1	1	1	1
×	1	×	×	×	1	1	1	1	1	1	1	1
1	0	0	0	0	0	1	1	1	1	1	1	1
1	0	0	0	1	1	0	1	1	1	1	1	1
1	0	0	1	0	1	1	0	1	1	1	1	1
1	0	0	1	1	1	1	1	0	1	1	1	1
1	0	1	0	0	1	1	1	1	0	1	1	1
1	0	1	0	1	1	1	1	1	1	0	1	1
1	0	1	1	0	1	1	1	1	1	1	0	1
1	0	1	1	1	1	1	1	1	1	1	1	0

由真值表可见，选通控制输入信号 G_1 为高电平，$\bar{G}_{2A}$、$\bar{G}_{2B}$ 为低电平时，译码器被选通，能正常工作；当选通控制输入信号 G_1 为低电平或者 $\bar{G}_{2A}$、$\bar{G}_{2B}$ 为高电平时，译码器不被选通，不能正常工作，输出信号为全 1。

输入信号 A、B、C 中，C 为最高位。当译码器正常工作时，与输入对应二进制数相同脚标的输出信号为低电平，其他为高电平，实现译码功能。如当 $G_1 = 1$，$\bar{G}_{2A} + \bar{G}_{2B} = 0$，$CBA$=101 时，对应 $\bar{Y}_5$ 为低电平，其他为高电平。

根据真值表，当 $G_1 = 1$，$\bar{G}_{2A} + \bar{G}_{2B} = 0$ 时，对应的输出逻辑表达式为

$$\bar{Y}_0 = \overline{\bar{C}\bar{B}\bar{A}} = \bar{m}_0 \qquad \bar{Y}_1 = \overline{\bar{C}\bar{B}A} = \bar{m}_1 \qquad \bar{Y}_2 = \overline{\bar{C}B\bar{A}} = \bar{m}_2 \qquad \bar{Y}_3 = \overline{\bar{C}BA} = \bar{m}_3$$

$$\bar{Y}_4 = \overline{C\bar{B}\bar{A}} = \bar{m}_4 \qquad \bar{Y}_5 = \overline{C\bar{B}A} = \bar{m}_5 \qquad \bar{Y}_6 = \overline{CB\bar{A}} = \bar{m}_6 \qquad \bar{Y}_7 = \overline{CBA} = \bar{m}_7$$

根据表达式可以画出逻辑电路图，如图 6-10 所示。

由逻辑表达式和逻辑电路图可以看出，输出变量是三个输入变量的全部最小项取非后的译码输出，所以这种译码器也称为最小项译码器。由最小项译码器可以构成不同最小项组成的逻辑函数，因此 74LS138 可以作为逻辑函数产生器使用。

例 6-1 用 3 线-8 线译码器 74LS138 产生逻辑函数 $Y = \bar{C}BA + C\bar{B}A + CB\bar{A} + CBA$。

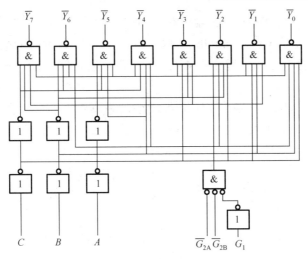

图 6-10 74LS138 逻辑电路图

解：74LS138 输出的项是 $\bar{m}$，需要将函数进行转换，利用摩根定律可得

$$
\begin{aligned}
Y &= \bar{C}BA + C\bar{B}A + CB\bar{A} + CBA \\
&= \overline{\overline{\bar{C}BA + C\bar{B}A + CB\bar{A} + CBA}} \\
&= \overline{\overline{\bar{C}BA} \cdot \overline{C\bar{B}A} \cdot \overline{CB\bar{A}} \cdot \overline{CBA}} \\
&= \overline{\bar{m}_3 \cdot \bar{m}_5 \cdot \bar{m}_6 \cdot \bar{m}_7} \\
&= \overline{\bar{Y}_3 \cdot \bar{Y}_5 \cdot \bar{Y}_6 \cdot \bar{Y}_7}
\end{aligned}
$$

根据上式可得对应逻辑电路图，如图 6-11 所示。

利用选通控制输入信号 G_1、$\bar{G}_{2A}$、$\bar{G}_{2B}$ 可以将多个译码器连接起来，实现灵活扩展。例如，用两片 74LS138 可以将 3 线-8 线译码器扩展为 4 线-16 线译码器，如图 6-12 所示。

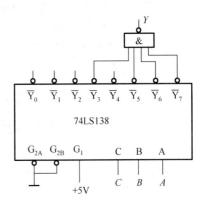

图 6-11 74LS138 产生逻辑函数
$Y = \bar{C}BA + C\bar{B}A + CA\bar{B} + CBA$

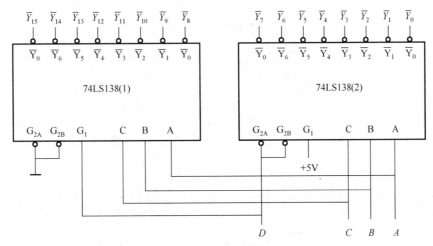

图 6-12 两片 74LS138 组成 4 线-16 线译码器

图 6-12 中，第一片 74LS138 的输出对应的二进制数为 **1111～1000**，第二片 74LS138 的输出对应的二进制数为 **0111～0000**。可以看出，两片 74LS138 的输出对应的二进制数低 3 位是相同的，可以直接连在一起作为 4 线-16 线译码器的低 3 位（CBA）输入；输入信号 D 从选通控制端引出。

由前面的介绍可以知道，选通控制输入信号 G_1 为高电平，$\overline{G}_{2A}$、$\overline{G}_{2B}$ 为低电平时，译码器被选通，正常工作。利用这个特点，当第一片 74LS138 的 G_1 接高电平，即输入信号 D 为 **1** 时，第二片 74LS138 的 $\overline{G}_{2A}$、$\overline{G}_{2B}$ 为高电平，第一片选通（进入译码工作状态），第二片不工作（全部输出高电平）；当第二片 74LS138 的 G_1 接高电平，$\overline{G}_{2A}$、$\overline{G}_{2B}$ 接低电平，即输入信号 D 为 **0** 时，第一片 74LS138 的 G_1 为低电平，第一片不工作（全部输出高电平），第二片选通（进入译码工作状态）。

3. 数据分配器

数据分配器能够根据地址选择信号将一个输入信号根据需要传送到多个输出端中的任何一个输出端中，又称多路解调器或反向多路开关。

数据分配器实质上就是带控制输入端的译码器。以 74LS138 为例，将 74LS138 的选通控制端 G_1 作为数据 D 的输入端，$\overline{G}_{2A}$、$\overline{G}_{2B}$ 接低电平，ABC 作为地址选择信号，$\overline{Y}_0 \sim \overline{Y}_7$ 仍为输出信号，即可构成数据分配器，如图 6-13 所示。

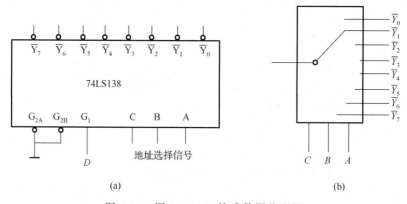

图 6-13　用 74LS138 构成数据分配器

当将一路数据作为 D 输入时，若地址依次取值为 **000→001→010→011→100→101→110 →111**，则数据可以由 $\overline{Y}_0 \sim \overline{Y}_7$ 依次输出。74LS138 构成的数据分配器真值表如表 6-8 所示。

表 6-8　74LS138 构成的数据分配器真值表

C	B	A	$\overline{Y}_0$	$\overline{Y}_1$	$\overline{Y}_2$	$\overline{Y}_3$	$\overline{Y}_4$	$\overline{Y}_5$	$\overline{Y}_6$	$\overline{Y}_7$
0	**0**	**0**	D	1	1	1	1	1	1	1
0	**0**	**1**	1	D	1	1	1	1	1	1
0	**1**	**0**	1	1	D	1	1	1	1	1
0	**1**	**1**	1	1	1	D	1	1	1	1
1	**0**	**0**	1	1	1	1	D	1	1	1
1	**0**	**1**	1	1	1	1	1	D	1	1
1	**1**	**0**	1	1	1	1	1	1	D	1
1	1	1	1	1	1	1	1	1	1	D

6.2.2 显示译码器

数字显示电路一般由译码器、驱动器和显示器组成，如图 6-14 所示。

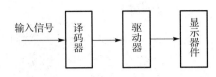

图 6-14 数字显示电路组成

在数字电路中，经常需要将用二进制表示的数字、文字、符号翻译成人们习惯的形式直观地显示出来，这就需要用到显示译码器。显示译码器能够将二进制数转换成对应的七段码，一般可分为驱动发光二极管(LED)的显示译码器和驱动液晶显示器(LCD)的显示译码器两类。

1. 显示器件

在数字电路中使用最多的显示器件是七段数码管。七段数码管是由七段条形发光二极管按照一定方式组合而成的，利用不同组合可以显示 0～9 这 10 个数字。其外形图如图 6-15(a) 所示。发光二极管产品种类繁多，通常按照原理分为共阴极数码管[图 6-15(b)]和共阳极数码管[图 6-15(c)]。共阴极接法是将所有发光二极管的阴极连在一起接地，当阳极接高电平后，发光二极管导通发光；共阳极接法刚好相反，将所有发光二极管的阳极连在一起接高电平，当阴极接低电平后，发光二极管导通发光。

例如，采用共阴极数码管时，若要显示数字 2，需要点亮 a、b、g、e、d 五段发光二极管，此时公共端 com 接地，a、b、g、e、d 信号对应的 1、2、6、7、10 引脚接高电平，其他引脚接低电平。若采用共阳极数码管，则公共端 com 接高电平，a、b、g、e、d 信号对应的 1、2、6、7、10 引脚接低电平，其他引脚接高电平。

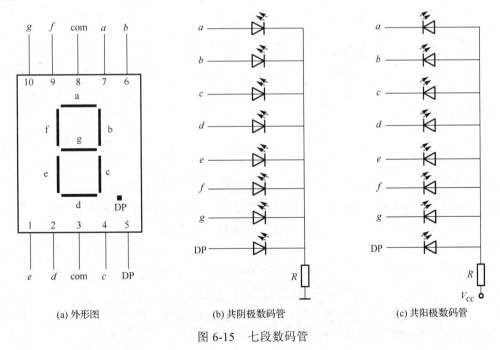

(a) 外形图　　　　　(b) 共阴极数码管　　　　　(c) 共阳极数码管

图 6-15 七段数码管

要使得数码管能够将数码代表的数显示出来，还需要通过显示译码器去驱动数字显示器件。

2. 显示译码器

显示译码器可以驱动七段数码管显示出数字 0～9，10 个数字对应 10 种不同状态，用 4 位二进制数来表示，再结合发光二极管发光的特点（以共阴极为例），即可得到其真值表，如表 6-9 所示。

表 6-9 显示译码器真值表

A_3	A_2	A_1	A_0	a	b	c	d	e	f	g	字形
0	0	0	0	1	1	1	1	1	1	0	0
0	0	0	1	0	1	1	0	0	0	0	1
0	0	1	0	1	1	0	1	1	0	1	2
0	0	1	1	1	1	1	1	0	0	1	3
0	1	0	0	0	1	1	0	0	1	1	4
0	1	0	1	1	0	1	1	0	1	1	5
0	1	1	0	1	0	1	1	1	1	1	6
0	1	1	1	1	1	1	0	0	0	0	7
1	0	0	0	1	1	1	1	1	1	1	8
1	0	0	1	1	1	1	1	0	1	1	9

$A_3A_2A_1A_0$ 4 位二进制数可以表示 16 种不同的状态，用于显示数字 0～9 时，只用到了 10 种，其他 6 种状态相当于无关项。由此可以得到显示译码器各输出变量对应的逻辑表达式如下：

$$a = A_3 + A_1 + A_2A_0 + \overline{A_2}\,\overline{A_0}$$

$$b = \overline{A_2} + A_1A_0 + \overline{A_1}\,\overline{A_0}$$

$$c = A_2 + \overline{A_1} + A_0$$

$$d = A_3 + A_1\overline{A_0} + \overline{A_2}A_1 + \overline{A_2}\,\overline{A_0} + A_2\overline{A_1}A_0$$

$$e = A_1\overline{A_0} + \overline{A_2}\,\overline{A_0}$$

$$f = A_3 + A_2\overline{A_0} + \overline{A_2}\,\overline{A_0} + A_2\overline{A_1}$$

$$g = A_3 + A_1\overline{A_0} + \overline{A_2}A_1 + A_2\overline{A_1}$$

根据逻辑表达式，即可选择相应的门电路来构建显示译码器。

目前市面上有各种不同规格的显示译码器集成电路芯片，74LS48 就是其中一种，常与在各种数字电路和单片机系统的显示系统中，通常与共阴极数码管配合使用。

显示译码器 74LS48 是输出高电平有效的译码器，能将 BCD 码译成数码管所需的驱动信号，以便使数码管用十进制数字显示出 BCD 码所表示的值。74LS48 除了有实现七段显示译码器基本功能的输入端（D、C、B、A）和输出端（a～g）外，还引入了灯测试输入端（$\overline{\text{LT}}$）和动态灭零输入端（$\overline{\text{RBI}}$），以及既有输入功能又有输出功能的消隐输入/动态灭零输出端（$\overline{\text{BI}}/\overline{\text{RBO}}$）。74LS48 引脚排列如图 6-16 所示。

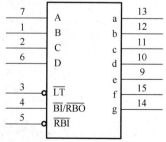

图 6-16 74LS48 引脚排列

显示译码器 74LS48 真值表如表 6-10 所示。

表 6-10 显示译码器 74LS48 真值表

$\overline{LT}$	$\overline{RBI}$	$\overline{BI}/\overline{RBO}$	D	C	B	A	a	b	c	d	e	f	g	字　形
1	1	1	0	0	0	0	1	1	1	1	1	1	0	0
1	×	1	0	0	0	1	0	1	1	0	0	0	0	1
1	×	1	0	0	1	0	1	1	0	1	1	0	1	2
1	×	1	0	0	1	1	1	1	1	1	0	0	1	3
1	×	1	0	1	0	0	0	1	1	0	0	1	1	4
1	×	1	0	1	0	1	1	0	1	1	0	1	1	5
1	×	1	0	1	1	0	0	0	1	1	1	1	1	6
1	×	1	0	1	1	1	1	1	1	0	0	0	0	7
1	×	1	1	0	0	0	1	1	1	1	1	1	1	8
1	×	1	1	0	0	1	1	1	1	0	0	1	1	9
×	×	0	×	×	×	×	0	0	0	0	0	0	0	全灭
1	0	0	0	0	0	0	0	0	0	0	0	0	0	全灭
0	×	1	×	×	×	×	1	1	1	1	1	1	1	全亮

由真值表可知 74LS48 具有的逻辑功能如下。

1）七段译码功能（$\overline{LT}$=1，$\overline{RBI}$=1）

在灯测试输入端（$\overline{LT}$）和动态灭零输入端（$\overline{RBI}$）都接无效电平时，输入 DCBA 经 74LS48 译码，输出高电平有效的七段字符显示器的驱动信号，显示相应字符。除 DCBA=0000 外，$\overline{RBI}$ 也可以接低电平。

2）消隐功能（$\overline{BI}$=0）

此时 $\overline{BI}/\overline{RBO}$ 作为输入端，该端输入低电平信号时（见表 6-10 倒数第三行），无论 $\overline{LT}$ 和 $\overline{RBI}$ 输入什么电平信号，输入 DCBA 为何种状态，输出全为 0，七段发光二极管熄灭。该功能主要用于多显示器的动态显示。

3）灯测试功能（$\overline{LT}$ = 0）

此时 $\overline{BI}/\overline{RBO}$ 作为输出端，$\overline{LT}$ 输入低电平信号时（见表 6-10 最后一行），无论 DCBA 为何种状态，输出全为 1，七段发光二极管都被点亮。该功能可用于七段发光二极管测试，判别是否有损坏的字段。

4）动态灭零功能（$\overline{LT}$=1，$\overline{RBI}$=0）

此时 $\overline{BI}/\overline{RBO}$ 也作为输出端，$\overline{LT}$ 输入高电平信号，$\overline{RBI}$ 输入低电平信号，若此时 DCBA=0000（见表 6-9 倒数第二行），输出全为 0，七段发光二极管熄灭，不显示这个 0；若此时 DCBA≠0000，则对显示无影响。该功能主要用于多个七段发光二极管同时显示时熄灭高位的 0。

▶▶ 任务实施

任务目标

（1）熟悉译码器 74LS138 的引脚和逻辑功能，掌握其测试方法。

（2）能够将显示译码器 74LS48 和共阴极数码管连接成译码显示电路并测试。

设备要求

（1）PC 一台。

（2）Multisim 软件。

实施步骤

1. 测试 74LS138 的逻辑功能

（1）打开 Multisim 软件，按图 6-17 连接仿真测试电路。

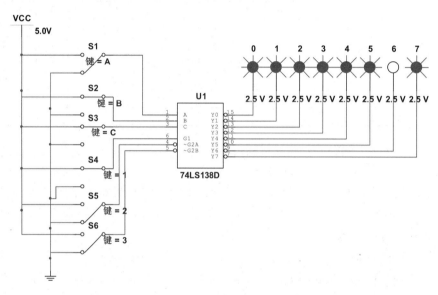

图 6-17　74LS138 仿真测试图

（2）当 G1、～G2A、～G2B 全接高电平时，输出 Y7、Y6、Y5、Y4、Y3、Y2、Y1、Y0 的电平分别是＿＿＿＿＿＿，74LS138＿＿＿＿＿＿＿＿（能/不能）正常译码。

（3）当 G1、～G2A、～G2B 全接低电平时，输出 Y7、Y6、Y5、Y4、Y3、Y2、Y1、Y0 的电平分别是＿＿＿＿＿＿，74LS138＿＿＿＿＿＿＿＿（能/不能）正常译码。

（4）当 **G1 = 1**，且**～G2A = ～G2B = 0** 时，若输入 *CBA*=**000** 时，则输出＿＿＿＿＿＿＿＿为低电平；当输入 *CBA*=**100** 时，输出＿＿＿＿＿＿＿＿为低电平；当 *CBA*=**111** 时，输出＿＿＿＿＿＿＿＿为低电平。此时 74LS138＿＿＿＿＿＿＿＿（能/不能）正常译码。

结论：74LS138 的输出＿＿＿＿＿＿＿＿（高电平/低电平）有效。要想使 74LS138 正常译码，则 G1、～G2A、～G2B 分别应置＿＿＿＿＿＿＿＿（**1、0、0/0、1、1/0、0、1**）。

2. 测试 74LS48 逻辑功能

（1）打开 Multisim 软件，按图 6-18 连接仿真测试电路。

（2）当灯测试输入端 $\overline{LT}$ 接低电平时，输出端 OA～OG 的电平分别是＿＿＿＿＿＿＿，则数码管显示为＿＿＿＿＿＿＿＿。此时若改变其他使能端 $\overline{RBI}$、$\overline{BI}/\overline{RBO}$ 及输入信号 *DCBA* 的值，则数码管的显示＿＿＿＿＿＿＿＿（变化/不变化）。

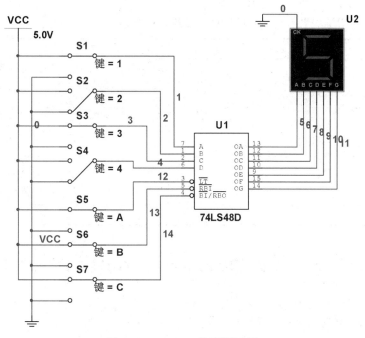

图 6-18 74LS48 仿真测试图

分析与思考：当 $\overline{LT}$ =0 时，无论其他输入端的状态如何变化，74LS48 输出端 OA～OG 状态全为_____（0/1），74LS48 驱动数码管显示字形的所有笔画_____（亮/灭）。

（3）当灯测试输入端 $\overline{LT}$ 接高电平、 $\overline{BI}/\overline{RBO}$ 接低电平时，输出端 OA～OG 的电平分别是_____，则数码管显示为_____。此时，改变使能端 $\overline{RBI}$ 的状态及输入信号 *DCBA* 的值，数码管的显示_____（变化/不变化）。

分析与思考：当 $\overline{LT}$ = 1、 $\overline{BI}/\overline{RBO}$ =0 时，无论其他输入端的状态如何变化，74LS48 的输出端 OA～OG 状态全为_____（0/1），74LS48 驱动数码管显示字形的所有笔画_____（亮/灭）。

（4）当 $\overline{LT}$ 、 $\overline{BI}/\overline{RBO}$ 接高电平，而 $\overline{RBI}$ 接低电平（74LS48 正常使能），输入 *DCBA* 为 **1000** 时，数码管输出端 OA～OG 的电平分别是_____，使得数码管显示为_____。此时，改变 *DCBA* 的值为 **0001**，数码管的显示_____（变化/不变化）。当 *DCBA* 的值大于 **1001** 之后，数码管的显示_____（有显示/无显示）。

分析与思考：当 $\overline{LT}$ =1、 $\overline{BI}/\overline{RBO}$ =1、 $\overline{RBI}$ =0 时，74LS48 的输出端 OA～OG 状态随着输入 *D*、*C*、*B*、*A* 的改变而_____（变化/不变），74LS48_____（有/没有）相应的显示。当 *DCBA* 的值大于 **1001** 后，74LS48_____（有/没有）相应的显示。

（5）将 $\overline{LT}$ 和 $\overline{BI}/\overline{RBO}$ 接高电平，将 $\overline{RBI}$ 从接低电平改为接高电平，改变 *DCBA* 的值，观察输出端 OA～OG 的状态及数码管显示状态是否发生变化。

分析与思考：当 $\overline{LT}$ =1、 $\overline{BI}/\overline{RBO}$ =1、 $\overline{RBI}$ =1 时，输出端 OA～OG 状态为_____，74LS48 的显示为_____。

▶▶ 任务评价

任务 6.2 评价表如表 6-11 所示。

表 6-11　任务 6.2 评价表

任　　务	内　　容	分　值	考 核 要 求	得　　分
74LS138 逻辑功能测试	1. 绘制电路图 2. 观察并记录实验数据	40	能够正确绘制电路图，会根据测试需求使用 Multisim 验证逻辑功能，并进行测试结果记录	
显示译码器逻辑功能测试	1. 绘制电路图 2. 观察并记录实验数据	40	能够正确绘制电路图，会根据测试需求使用 Multisim 验证逻辑功能，并进行测试结果记录	
态度	1. 积极性 2. 遵守安全操作规程 3. 纪律和卫生情况	20	积极参加训练，遵守安全操作规程，保持工位整洁，有良好的职业道德及团队精神	
合计		100		

实训 6　多路抢答器电路的设计与测试

实训 6.1　设计指标

（1）了解锁存器、优先编码器、显示译码器的逻辑功能。

（2）了解用到的芯片的功能，并能够正确判断芯片引脚。

（3）理解组合逻辑电路设计步骤，能够进行 8 路简易抢答器的设计。

（4）能够通过测试论证设计的正确性，会根据电路原理及测试结果分析故障产生的原因。

实训 6.2　设计任务

设计一个供 8 组选手比赛的简易抢答器。每组设置一个抢答按钮，按钮的编号与选手的编号对应。抢答开始时，主持人按下开始键，选手开始抢答，抢答成功后锁定其他按键，并显示按键选手的编号。比赛结束时，主持人按下复位键，系统回到初始状态。

实训 6.3　设计要求

（1）8 路开关输入。

（2）稳定显示与输入开关编号相对应的数字 1～8。

（3）输出具有唯一性和时序第一的特征。

（4）一轮抢答完成后，通过解锁电路进行解锁，准备进入下一轮抢答。

实训 6.4　设计步骤

（1）选择合适的锁存器、优先编码器、显示译码器。

（2）按照图 6-19 连接仿真测试电路。

实训 6.5　电路调试与检测

仿真运行时，按下不同按键，观察数码管的显示结果。

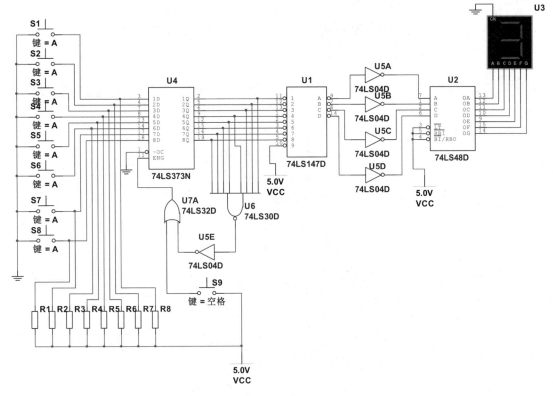

图 6-19　8 路抢答器仿真测试图

当按下 S9 按键时，数码管显示清零，此时可以用 8 路按键进行抢答；任意一路被按下，数码管会显示按键编号，此时若有其他按键被按下，则无显示，直到再次按下 S9 按键进入下一轮抢答。

思考与练习 6

1．请用 74LS138 和逻辑门电路实现以下函数。

（1）$F(A,B,C) = \sum m(1,3,5,6)$。

（2）$F(A,B,C,D) = \sum m(1,3,5,6,10,11,13)$。

（3）$F(A,B,C) = A\overline{B}C + AB + A\overline{C}$。

2．试用 74LS138 和逻辑门电路设计一个三变量单 1 检测电路，要求当输入的三个变量中只有一个 1 时，输出为 1，否则输出为 0。

3．判断在以下输入情况下，8 线-3 线优先编码器 74LS148 输出端的状态。

（1）$\overline{ST} = 1$，$\overline{I}_6 = 0$，$\overline{I}_3 = 0$，其余为 1。

（2）$\overline{ST} = 0$，$\overline{I}_6 = 0$，其余为 1。

（3）$\overline{ST} = 0$，$\overline{I}_6 = 0$，$\overline{I}_7 = 0$，其余为 1。

（4）$\overline{ST} = 0$，$\overline{I}_0 \sim \overline{I}_7$ 全为 0。

（5）$\overline{ST} = 0$，$\overline{I_0} \sim \overline{I_7}$ 全为 **1**。

4．用译码器 74LS138 构成图 6-20 所示的电路，写出输出 F 的逻辑表达式，列出真值表并说明电路功能。

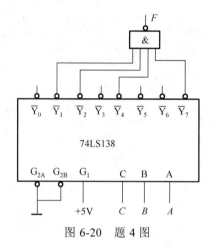

图 6-20　题 4 图

项目 **7** 密码电子锁的设计与测试

知识目标

➤ 了解 *RS* 触发器、*JK* 触发器、*D* 触发器的工作特性。
➤ 仿真测试 *RS* 触发器、*JK* 触发器、*D* 触发器的逻辑功能。
➤ 了解不同触发器之间的互相转换。
➤ 了解密码电子锁的设计原理。
➤ 掌握密码电子锁的仿真测试。

技能目标

➤ 能用 Multisim 仿真软件对 *RS* 触发器、*JK* 触发器、*D* 触发器的逻辑功能进行仿真测试。
➤ 能够完成密码电子锁的设计与制作。

项目背景

随着生活水平的提高、财产的积累，人们更加重视家庭防盗。传统的机械锁因为便携性差、使用不便捷等原因，已经不能满足人们对于家庭安全的需求。密码电子锁因其方便灵活、保密性高、易于操作而进入人们的视线，受到人们的喜爱。

密码电子锁通过数字逻辑电路(一般提前设置编码)对电路进行控制。若输入正确的编码，则触发器触发；若输入错误的编码，则触发器不能触发，由此实现门的开启与封锁控制。此外，密码电子锁还可添加附加电路，实现锁定功能或者门铃功能，以提高门的安全系数。

密码电子锁项目的设计与制作涉及电路设计、逻辑图设计、仿真测试、实物制作与测试四方面知识，密码电子锁的组成框图如 7-1 所示。

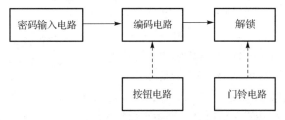

图 7-1 密码电子锁的组成框图

按照以上框图完成密码电子锁设计，所涉及的知识进阶图如图 7-2 所示。

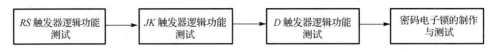

图 7-2 密码电子锁的知识进阶图

任务 7.1 RS 触发器逻辑功能测试

任务分析

在各类复杂数字电路中，除需要对二值信号开展算术运算与逻辑运算以外，还需要对这些信号与运算结果进行保存。基于此，本任务主要介绍具有记忆功能基本逻辑单元——触发器，其中 RS 触发器是很多触发器电路的基础构成部分，因此本任务通过仿真测试 RS 触发器的逻辑功能，介绍 RS 触发器的性能特点。

知识链接

通过之前项目的学习，我们可以知道各类门电路均可以有两种不同的输出状态（高电平、低电平），但其不能自行保存该输出状态不变，即它不具备记忆功能。而本任务介绍具有记忆功能的基本逻辑单元——触发器。触发器是指可以存储 1 位二值信号的基本单元电路，其具备两个基本特性：

（1）具有两个稳定状态，分别用来代表逻辑 0 和逻辑 1。

（2）在触发信号作用下，依据不同的输入信号，触发器的两个稳定状态可相互转换，并且已完成转换的稳定状态可自行保持下去。

这体现了触发器的记忆功能，因此触发器是具有记忆功能的逻辑单元，可应用于多方面。不同种类的触发器在触发方式、电路结构、逻辑功能上均有不同。根据逻辑功能的不同，触发器可分为 RS 触发器、JK 触发器、D 触发器等几类。

7.1.1 基本 RS 触发器

基本 RS 触发器是最基础的触发器，是构成其他各类触发器的基础，它由两个与非门构成，其电路结构如图 7-3(a) 所示。基本 RS 触发器有两个输入 R 和 S，其中 R 表示置 0 输入，S 表示置 1 输入，两个与非门 G_1 和 G_2 的输出分别定义为 Q 和 $\overline{Q}$，正常工作情况下，Q 和 $\overline{Q}$ 的状态是相对的，其中 Q 的状态被定义为触发器状态，$Q=1$（$\overline{Q}=0$）表示触发器处于

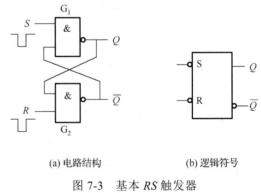

(a) 电路结构   (b) 逻辑符号

图 7-3 基本 RS 触发器

1 态，$Q=0$（$\overline{Q}=1$）表示触发器处于 0 态。基本 RS 触发器逻辑符号如图 7-3(b) 所示，因为 S 和 R 都是低电平有效的，即当 S 和 R 为低电平信号时，可引发触发器改变状态，所以逻辑符号中输入端上都画有小圆圈。

依据输入端的不同状态，分析基本 RS 触发器的输出随输入的变化情况。

（1）$R=0$，$S=1$ 时，与非门 G_2 有一个输入为 **0**，根据与非门输入/输出逻辑关系可确定输出 $\bar{Q}$ 为 **1**，而与非门 G_1 两个输入 $\bar{Q}=S=1$，则输出 $Q=0$。显然当 $R=0$，$S=1$ 时，触发器处于 **0** 态，输入端 R 称为置 0 端。

（2）$R=1$，$S=0$ 时，与非门 G_1 有一个输入为 **0**，依据与非门输入/输出逻辑关系可确定输出 Q 为 **1**，而与非门 G_2 两个输入 $Q=R=1$，则输出 $\bar{Q}=0$。显然当 $R=1$，$S=0$ 时，触发器处于 **1** 态，输入端 S 称为置 1 端。

（3）$R=1$，$S=1$ 时，基本 RS 触发器保持原状态不改变，当 $R=0$，$S=1$ 时，触发器输出状态 $Q=0$（即保持原来的 **0** 态不变）；当 $R=1$，$S=0$ 时，触发器输出状态 $Q=1$（即保持原来的 **1** 态不变）。

（4）$R=0$，$S=0$ 时，根据与非门输入/输出逻辑关系，与非门 G_1 和 G_2 的输出 Q 和 $\bar{Q}$ 均为 **1**，这与正常工作情况下 Q 和 $\bar{Q}$ 状态相反的原则相背。当 S 和 R 共同回到高电平时，触发器的状态无法确定是 **1** 态还是 **0** 态，应避免这种情况。根据这一限制条件可推出基本 RS 触发器约束条件为：$SR=0$，即不应施加 $S=R=0$ 的输入信号。

依据上述分析，总结基本 RS 触发器逻辑功能并列出表格，如表 7-1 所示。

表 7-1 基本 RS 触发器功能表

R	S	Q
0	0	状态不确定
0	1	0
1	0	1
1	1	状态不变

触发信号指在触发器正常工作时，使得触发器状态改变的输入信号。各类触发器的触发方式有所不同，共分为三类：电平触发、脉冲触发、边沿触发。基本 RS 触发器采用电平触发方式，其触发信号是电平信号。

对于基本 RS 触发器，其输入和输出之间的逻辑关系也可以用波形图来体现，如图 7-4 所示。图示波形忽略了门电路的信号传播延时，而只显示了输入和输出之间的逻辑关系，此波形图已知 R 和 S 波形，根据基本 RS 触发器功能表，给出 Q 和 $\bar{Q}$ 波形。

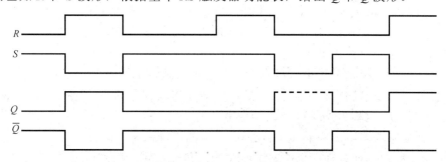

图 7-4 基本 RS 触发器波形图

（图示虚线表示状态不确定，实线仅用来反映输入和输出之间的逻辑关系）

7.1.2 同步 *RS* 触发器

相比于基本 *RS* 触发器，同步 *RS* 触发器多出一个时钟脉冲端，我们常常称为输入端 CP。通过前面的学习可知，基本 *RS* 触发器输出状态随着输入信号的变化而变化，状态改变没有统一的节拍，电路抗干扰能力差，并且不利于多个触发器的同步工作。在实际应用时，增加输入端 CP，使得在时钟脉冲到达时触发器才根据输入信号改变状态，而在无时钟信号到达时，即便输入改变，触发器的输出状态也不会改变，由此衍生出同步 *RS* 触发器。

同步 *RS* 触发器的电路结构如图 7-5(a)所示，逻辑符号如图 7-5(b)所示。

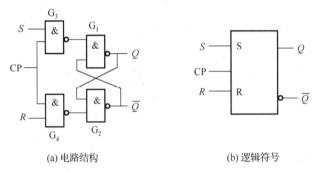

(a) 电路结构   (b) 逻辑符号

图 7-5 同步 *RS* 触发器电路结构及逻辑符号

对于同步 *RS* 触发器，可从特性表、特性方程、状态转换图入手开展分析。根据输入信号 *R*、*S* 及 CP 的变化，分析同步 *RS* 触发器输出状态的变化。

根据图 7-5(a)，同步 *RS* 触发器的输入信号由 *S* 和 *R* 经过两个与非门 G_3 和 G_4 传递至基本 *RS* 触发器中，并且 G_3 和 G_4 的其中一个输入为 CP。

(1)当 CP=**0**(低电平)时，与非门 G_3 和 G_4 的输出始终保持 **1** 态，此时无论 *S* 和 *R* 如何改变，都不能通过与非门 G_3、G_4 来影响输出，所以输出保持原状态不变。

(2)当 CP=**1**(高电平)时，*S*、*R* 通过与非门 G_3 和 G_4 传递至由与非门 G_1 和 G_2 构成的基本 *RS* 触发器中，使得 *Q* 和 $\overline{Q}$ 随着 *S* 和 *R* 的改变而改变。在 CP 保持高电平期间，当 *S*=**0**，*R*=**1** 时，与非门 G_3 和 G_4 分别输出 **1** 和 **0**，结合基本 *RS* 触发器功能表可知，同步 *RS* 触发器为 **0** 态；当 *S*=**1**，*R*=**0** 时，触发器为 **1** 态；当 *S*=*R*=**0** 时，触发器保持状态不变；当 *S*=*R*=**1** 时，与非门 G_3 和 G_4 均输出 **0**，结合基本 *RS* 触发器功能表可知，同步 *RS* 触发器状态不确定，即可能为 **1** 态也可能为 **0** 态。

依据上述分析，将触发器由原状态到次状态的转换情况用表格形式体现，如表 7-2 所示，此表格称为触发器的特性表。特性表中 Q^n 表示触发器原状态(现态)，Q^{n+1} 表示 CP 作用之后触发器的状态(称为次态)，×表示取 **0** 或者 **1**。

在触发器实际应用中，应避免 CP=*S*=*R*=**1** 时的不确定态，因此同步 *RS* 触发器的约束条件为 *SR*=**0**。根据特性表列出关于 Q^{n+1} 的逻辑函数表达式，化简可得

$$Q^{n+1} = S + \overline{R}Q^n$$

结合约束条件，该表达式称为同步 *RS* 触发器特性方程。

同步 *RS* 触发器的逻辑功能也可以用状态转移图体现，如图 7-6 所示。图中圆圈内 **1**

和 **0** 分别代表触发器的 **1** 态和 **0** 态，箭头指向触发器转换后的次态，箭尾代表触发器的现态，带箭头的线上方标注了状态转换的条件。

表 7-2 同步 RS 触发器特性表

CP	S	R	Q^n	Q^{n+1}
0	×	×	**0**	**0**
0	×	×	**1**	**1**
1	**0**	**0**	**0**	**0**
1	**0**	**0**	**1**	**1**
1	**0**	**1**	**0**	**0**
1	**0**	**1**	**1**	**0**
1	**1**	**0**	**0**	**1**
1	**1**	**0**	**1**	**1**
1	**1**	**1**	**0**	×
1	**1**	**1**	**1**	×

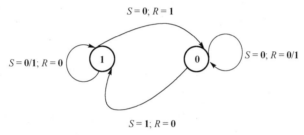

图 7-6 同步 RS 触发器状态转移图

若已知同步 RS 触发器的输入信号波形，设该触发器初始状态为 **0**，根据其特性表可画出 Q 的波形，如图 7-7 所示。

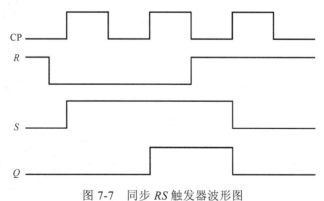

图 7-7 同步 RS 触发器波形图

7.1.3 主从 RS 触发器

为提高触发器工作的可靠性，在上述触发器的基础上又衍生了主从式触发器。主从 RS 触发器分为主触发器和从触发器两级，两级结构均由同步 RS 触发器构成，并且主从结构之间的时钟脉冲端通过一个非门连接，即主触发器的 CP 和从触发器的 CP 是反相的。主从 RS 触发器的电路结构如图 7-8(a) 所示，逻辑符号如图 7-8(b) 所示。

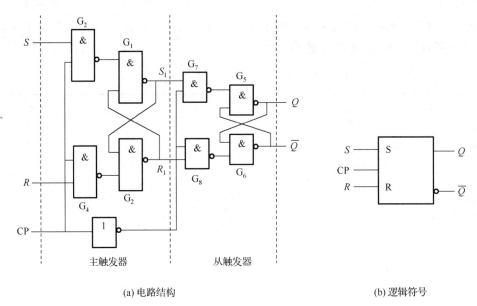

(a) 电路结构　　　　　　　　　　　(b) 逻辑符号

图 7-8　主从 RS 触发器电路结构和逻辑符号

主从 RS 触发器工作过程分析如下：

(1) 当 CP=**1**($\overline{CP}$=**0**)时，主触发器工作，输入信号 S 和 R，主触发器状态随 S 和 R 的变化而变化；从触发器维持原来状态不变。

(2) 当有效电平消失，即 CP 由 **1** 跳变到 **0** 时，此时不论 S 和 R 如何变化，主触发器状态不会被影响；而从触发器按照与主触发器相同的状态翻转。

任务实施

测试准备

(1)PC 一台。

(2)Multisim 仿真软件。

仿真测试

本任务针对由与非门构成的基本 RS 触发器的逻辑功能进行仿真测试。

查找 CD4011(四路二输入与非门集成电路)引脚图、参数等有关资料以备用。在

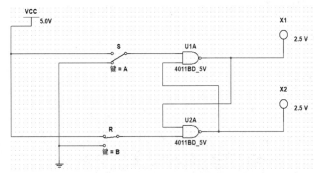

图 7-9　基本 RS 触发器仿真测试图

Multisim 中按照图 7-9 连接线，选择两个指示灯用于测试触发器的输出状态，将触发器的输出状态写入表 7-3 中，并总结基本 RS 触发器的逻辑功能。

表 7-3 基本 RS 触发器功能表

S	R	Q	$\bar{Q}$

任务评价

任务 7.1 评价表如表 7-4 所示。

表 7-4 任务 7.1 评价表

任 务	内 容	分 值	考 核 要 求	得 分
电路连接	1. 与非门选择 2. 接线方式	20	能正确连接电路	
基本 RS 触发器的逻辑功能	1. 仿真测试 2. 观察测试结果	50	能按照实验要求完成仿真测试，总结规律	
功能表数据记录	记录数据	10	能正确填写数据，对比并总结触发器逻辑功能	
态度	1. 积极性 2. 遵守安全操作规程 3. 纪律和卫生情况	20	积极参加训练，遵守安全操作规程，保持工位整洁，有良好的职业道德及团队精神	
合计		100		

任务 7.2 JK 触发器逻辑功能测试

任务分析

RS 触发器自身性能使得当 S=R=1 时，触发器输出次态不确定，但是在实际应用中，人们希望选用具备更完善电路结构的触发器，由此可选择 JK 触发器。本任务通过对 JK 触发器的逻辑功能进行仿真测试，介绍 JK 触发器的特性。

知识链接

7.2.1 主从 JK 触发器

将主从 RS 触发器的输出 Q 和 $\bar{Q}$ 反馈接回输入端，可以克服 RS 触发器的弊端。这里将输入信号定义为 J、K，因此触发器简称主从 JK 触发器。主从 JK 触发器的电路结构和逻辑符号如图 7-10 所示。

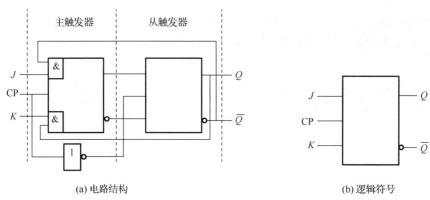

图 7-10　主从 JK 触发器电路结构和逻辑符号

假定主从 JK 触发器现态 Q^n 为 **0**，分析其特性。

（1）若 CP=1，当 $J=0$，$K=1$ 时主触发器置 **0**，则当 CP 由 **1** 跃变为 **0** 后，从触发器置 **0**，即 JK 触发器输出 $Q^{n+1}=0$。

（2）若 CP=1，当 $J=1$，$K=0$ 时主触发器置 **1**，则当 CP 由 **1** 跃变为 **0** 后，从触发器置 **1**，即 JK 触发器输出 $Q^{n+1}=1$。

（3）当 $J=K=0$ 时，JK 触发器保持原状态不变，即 Q^{n+1} 为 **0**。

（4）若 CP=1，当 $J=K=1$ 时主触发器置 **1**，当 CP 由 **1** 跃变为 **0** 后，从触发器置 **1**，即 JK 触发器输出 $Q^{n+1}=1$。

若主从 JK 触发器的现态 Q^n 为 **1**，根据上述分析可知，当 $J=0$，$K=1$ 时，触发器输出为 **0**；当 $J=1$，$K=0$ 时，触发器输出为 **1**；当 $J=K=0$ 时，触发器输出为 **1**；当 $J=K=1$ 时，触发器输出为 **0**。

综上所述，列出主从 JK 触发器特性表，如表 7-5 所示。

表 7-5　主从 JK 触发器特性表

J	K	Q^n	Q^{n+1}
0	0	0	0
0	0	1	1
0	1	0	0
0	1	1	0
1	0	0	1
1	0	1	1
1	1	0	1
1	1	1	0

根据特性表，画出主从 JK 触发器状态转换图，如图 7-11 所示。

根据图 7-11，结合表 7-5，总结主从 JK 触发器的特性方程。

当 CP=1 时，主触发器动作，主触发器特性方程为

$$Q^{n+1} = S + \bar{R}Q^n = J\bar{Q}^n + \overline{KQ^n}Q^n = J\bar{Q}^n + (K\bar{Q}^n + \bar{K}Q^n)Q^n = J\bar{Q}^n + \bar{K}Q^n$$

当 CP 由 **1** 跃变为 **0** 后，主触发器保持原状态，从触发器随其状态变化，所以主从 JK 触发器特性方程为

$$Q^{n+1} = J\bar{Q}^n + \bar{K}Q^n$$

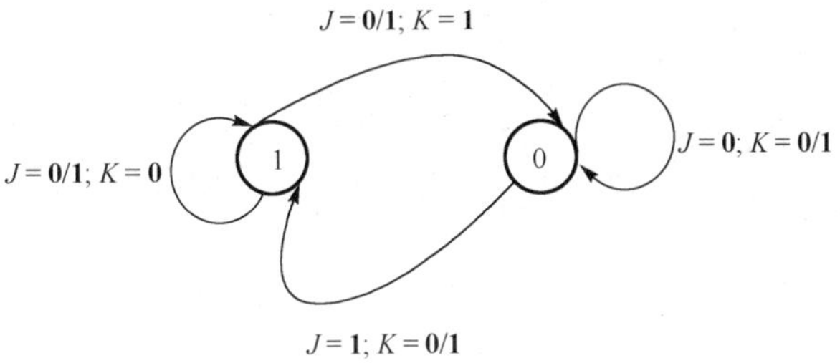

图 7-11　主从 *JK* 触发器状态转换图

显然主从 *JK* 触发器逻辑功能可总结为：当 *J*、*K* 不同时，输出的次态总是随着 *J* 的变化而变化的；当 *J*、*K* 均为 **0** 时，输出保持不变；当 *J*、*K* 均为 **1** 时，输出发生翻转。

根据上述分析，凡是在 CP 信号作用下，逻辑功能符合特性表 7-5 所示的逻辑功能的触发器，均称为 *JK* 触发器。

7.2.2　边沿 *JK* 触发器

为提升触发器可靠性，增强其抗干扰能力，人们常希望触发器的状态变化取决于 CP 信号边沿（下降沿或者上升沿）到达时刻输入的状态，而与其他时刻输入的状态无关，边沿触发器可用于解决此问题。边沿触发器可有效地将触发器的状态变化控制于 CP 信号到达那一刻，其分为 CP 上升沿触发和 CP 下降沿触发两类，边沿触发器没有空翻现象。空翻是指在同一个 CP 信号持续区间内，触发器出现在 **0** 态和 **1** 态多次翻转的现象。举例说明如下。

图 7-12 是 CP 下降沿触发的 *JK* 触发器逻辑符号，图中"＞"加上左边圆圈，表示该触发器是 CP 下降沿触发的，即触发器次态变化取决于 CP 信号下降沿到达前一瞬的输入信号的状态。

图 7-13 为 CP 下降沿触发的 *JK* 触发器波形图，假定触发器初态是 **0**，根据其特性可画出输出 *Q* 的波形。

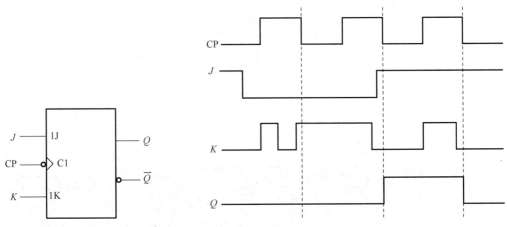

图 7-12　CP 下降沿触发的 *JK* 触发器逻辑符号　　　图 7-13　CP 下降沿触发的 *JK* 触发器波形图

任务实施

测试准备

（1）PC 一台。

（2）Multisim 软件。

仿真测试

本任务针对 JK 触发器的逻辑功能进行仿真测试，仿真选用下降沿触发的 74LS76D 进行逻辑功能测试。

（1）查找 74LS76D 的引脚图和工作原理等有关资料以备用。

（2）在 Multisim 中按照图 7-14 连接仿真测试电路，将指示灯接到输出端，选择 4 通道示波器观察时钟脉冲输入端信号及输出信号波形，根据波形显示及指示灯状态，总结触发器逻辑功能。

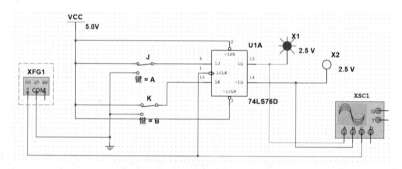

图 7-14　JK 触发器仿真测试图

双击示波器 XSC1，可观察到三个信号的波形情况，切换按键分别观察 J 和 K 取各种组合值时，输出波形的变化情况。图 7-15 为 J=1，K=1 时记录的输出波形。对比波形图及指示灯，总结此触发器的逻辑功能，将结果写入表 7-6 中。

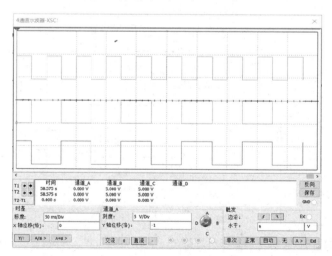

图 7-15　波形图

表 7-6 JK 触发器特性表

J	K	Q^n	Q^{n+1}

任务评价

任务 7.2 评价表如表 7-7 所示。

表 7-7 任务 7.2 评价表

任 务	内 容	分 值	考 核 要 求	得 分
资料搜寻	1. 查找 74LS76D 相关资料 2. 了解 74LS76D 引脚图及逻辑功能	10	理解 74LS76D 工作原理	
电路连接	正确连接电路	10	能正确连接电路	
JK 触发器的 逻辑功能	1. 仿真测试 2. 观察测试结果	50	能按照实验要求完成仿真测试,总结 测试结果	
特性表数据 记录	记录数据	10	能正确填写数据,对比并总结触发器 逻辑功能	
态度	1. 积极性 2. 遵守安全操作规程 3. 纪律和卫生情况	20	积极参加训练,遵守安全操作规程, 保持工位整洁,有良好的职业道德及 团队精神	
合计		100		

任务 7.3　D 触发器逻辑功能测试

任务分析

实际应用中,为适应单端信号输入的情况,将同步 RS 触发器的两个输入端之间接入一个非门成为单个输入端,并将此单个输入端定义为 D,则构成了 D 触发器。本任务通过仿真测试 D 触发器的逻辑功能,介绍其电路结构及性能。

知识链接

D 触发器的介绍分两部分,分别是电平触发的同步 D 触发器与边沿 D 触发器,两者逻辑功能一样。

7.3.1　同步 D 触发器

当 CP 信号由 0 跃变为 1 时,同步 D 触发器的次态改变为 D 的现态;当 CP 信号由 1 跃变到 0 时,D 触发器保持原状态不变。同步 D 触发器电路结构和逻辑符号如图 7-16 所示,其特性表如表 7-8 所示。

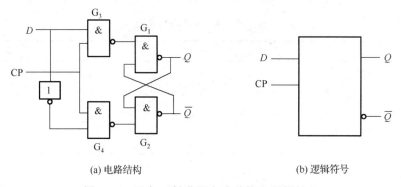

(a) 电路结构　　　　　　　　　(b) 逻辑符号

图 7-16　同步 D 触发器电路结构和逻辑符号

表 7-8　同步 D 触发器特性表

D	Q^n	Q^{n+1}
0	0	0
0	1	0
1	0	1
1	1	1

总结特性表可知，同步 D 触发器的特性方程是

$$Q^{n+1} = D$$

其状态转移图如图 7-17 所示。

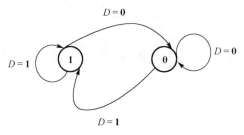

图 7-17　同步 D 触发器状态转换图

7.3.2　边沿 D 触发器

　　边沿 D 触发器的逻辑符号如图 7-18 所示，图中"＞"表示该触发器在 CP 的上升沿触发，则触发器次态变化取决于 CP 信号上升沿到达前一瞬间输入信号的状态，即只有当 CP 上升沿到达时，电路才接收输入信号 D 进而改变状态。边沿 D 触发器在一个时钟脉冲作用区间内，仅有一个上升沿，可克服空翻现象，使得电路按照时钟节拍工作。其逻辑功能、特性表、特性方程与上述同步 D 触发器相同。

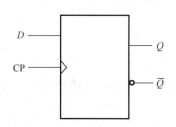

图 7-18　边沿 D 触发器逻辑符号

图 7-19 为 CP 上升沿解发的 D 触发器波形图，根据其特性表可画出触发器输出 Q 的波形，设定触发器初态 $Q=0$。

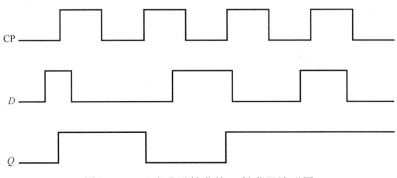

图 7-19　CP 上升沿触发的 D 触发器波形图

▶▶ 任务实施

测试准备

（1）PC 一台。

（2）Multisim 软件。

仿真测试

本任务针对边沿 D 触发器的逻辑功能进行仿真测试，仿真中选用 CP 上升沿有效的 74LS74D 进行逻辑功能测试。

（1）查找 74LS74D 的引脚图和工作原理等有关资料以备用。

（2）在 Multisim 中按照图 7-20 连接仿真测试电路，用指示灯测试触发器的输出状态。

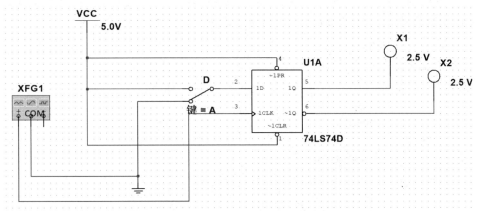

图 7-20　边沿 D 触发器仿真测试图

（3）将触发器的输出状态写入表 7-9 中，总结边沿 D 触发器的逻辑功能，验证其特征方程。

表 7-9 边沿 D 触发器特性表

D	Q^n	Q^{n+1}

任务评价

任务 7.3 评价表如表 7-10 所示。

表 7-10 任务 7.3 评价表

任 务	内 容	分 值	考 核 要 求	得 分
资料搜寻	1. 查找 74LS74D 相关资料 2. 了解 74LS74D 引脚图及逻辑功能	10	理解 74LS74D 工作原理	
电路连接	正确连接电路	10	能正确连接电路	
D 触发器的逻辑功能	1. 仿真测试 2. 观察测试结果	50	能按照实验要求完成仿真测试，总结测试结果	
特性表数据记录	记录数据	10	能正确填写数据，对比并总结触发器逻辑功能	
态度	1. 积极性 2. 遵守安全操作规程 3. 纪律和卫生情况	20	积极参加训练，遵守安全操作规程，保持工位整洁，有良好的职业道德及团队精神	
合计		100		

知识扩展之 T 触发器

将 JK 触发器的两个输入端连接在一起，并将此输入端定义为 T，即令 $J=K=T$，则根据 JK 触发器的特性可知，当 $T=0$ 时，CP 信号到达后，触发器状态保持不变，当 $T=1$ 时，每到达一个 CP 信号，触发器状态翻转一次，具备以上特性的触发器称为 T 触发器。

T 触发器逻辑符号如图 7-21 所示。

根据 JK 触发器特性方程可知 T 触发器的特性方程为

$$Q^{n+1} = T\overline{Q}^n + \overline{T}Q^n$$

T 触发器的特性表如表 7-11 所示，其状态转换图如图 7-22 所示。

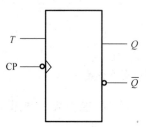

图 7-21 T 触发器逻辑符号

表 7-11 T 触发器特性表

T	Q^n	Q^{n+1}
0	0	0
0	1	1
1	0	1
1	1	0

知识扩展之触发器间的转换

将 *JK*、*RS*、*D*、*T* 触发器的电路结构、特性表进行对比，在实际应用中，可通过电路连接或添加门电路的方式，将某种触发器转换为具备另一种逻辑功能的触发器。例如，在需要 *T* 触发器时，可以将 *JK* 触发器的两个输入端连接在一起作为输入端 T 即可；当需要 *RS* 触发器时，只需

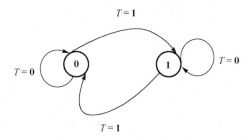

图 7-22　*T* 触发器状态转换图

要将 *JK* 触发器的两个输入当作 *S* 和 *R* 使用即可；在需要 *D* 触发器时，只需要在 *JK* 触发器的两个输入端之间加入非门即可。此外，也可将 *D* 触发器转换为 *JK* 触发器、*T* 触发器等。

实训 7　密码电子锁的设计与测试

实训 7.1　设计目标

（1）掌握触发器的实际应用。
（2）了解密码电子锁设计流程。
（3）掌握密码电子锁电路设计。
（4）用 Multisim 软件对密码电子锁进行仿真测试。

实训 7.2　设计要求

（1）选用合适的触发器。
（2）所设计的电路能满足设计要求。
（3）熟悉 Multisim 软件的使用方式。
（4）绘制密码电子锁电路图。
（5）实现密码电子锁仿真测试。

实训 7.3　设计步骤

（1）选用 4 个上升沿触发的 *D* 触发器 74LS74，用指示灯的状态代表开锁状态。
（2）设计 4 位数字密码电子锁电路，如图 7-23 所示，当依次输入 1367 时，红灯亮，表示开锁成功 [图 7-23（a）]；当未按照顺序输入 1367 或者错输入了别的数字时，红灯不亮（绿灯亮），表示开锁失败。当开锁成功后，输入 10，开锁复位，红灯不亮 [图 7-23（b）]。

实训 7.4　设计总结

（1）密码电子锁的电路并不是唯一的，可根据设计需求更改电路设计。
（2）该设计可扩展响铃功能、密码多次输入错误自动报警功能、密码多次输入错误自动锁定功能。
（3）密码电子锁设计还可以选用别的触发器，注意掌握当更改触发器时，电路接线方式的变化。

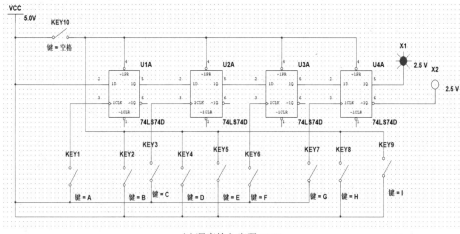

(a) 顺序输入密码 1367

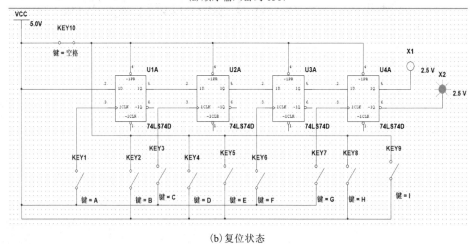

(b) 复位状态

图 7-23　4 位数字密码电子锁仿真测试图

实训 7.5　考核分值

实训 7 评价表如表 7-12 所示。

表 7-12　实训 7 评价表

项　目	考 核 内 容	分　值	考 核 要 求	得　分
电路设计	1. 选用合适的触发器 2. 电路连接	20	能正确连接电路	
软件仿真	密码电子锁仿真测试	30	能正确解决在仿真测试时出现的问题	
数据记录	1. 仿真测试 2. 观察测试结果	30	能对照设计需求，记录仿真测试结果，验证设计是否符合预期	
态度及安全操作	1. 积极性 2. 遵守安全操作规程 3. 纪律和卫生情况	20	学习积极，乐于思考，操作符合规定	
合计		100		

思考与练习 7

一、填空题

1. 触发器有两个输出端_____和_____，正常工作时两端的状态互补，以_____的状态来代表触发器状态。

2. 根据逻辑功能的不同，触发器可以分为_____、_____、_____、_____。

3. 在输入信号及时钟脉冲信号作用下，JK 触发器具备_____、_____、_____、_____四种逻辑功能。

4. 在输入信号及时钟脉冲信号的作用下，T 触发器具备_____和_____两种逻辑功能。

5. 在时钟脉冲信号控制下，每来一个时钟脉冲就翻转一次的电路，称为_____。

二、选择题

1. 下述器件中，具有记忆功能的器件是（　　）。
   A．与非门　　　　　B．异或门　　　　　C．触发器　　　　　D．编码器

2. 当输入信号 $J=1$，$K=0$ 时，JK 触发器的逻辑功能是（　　）。
   A．置 **0**　　　　　B．置 **1**　　　　　C．翻转　　　　　D．保持

3. 触发器是一种（　　）。
   A．无稳态电路　　B．单稳态电路　　C．双稳态电路　　D．三稳态电路

4. 各类触发器中，具备保持、置 **0**、置 **1**、翻转四个功能的触发器是（　　）。
   A．T 触发器　　　　　　　　B．D 触发器
   C．基本 RS 触发器　　　　　D．JK 触发器

5. 对于由与非门构成的基本 RS 触发器，当 $S=1$，$R=0$ 时，逻辑功能是（　　）。
   A．置 0　　　　　B．置 1　　　　　C．保持　　　　　D．不定状态

6. 仅仅具备保持和翻转功能的触发器是（　　）。
   A．JK 触发器　　B．T 触发器　　C．D 触发器　　D．同步 RS 触发器

7. 为了克服空翻现象，应使用（　　）触发方式的触发器。
   A．边沿触发　　　　　　　　B．电平触发器
   C．边沿触发和电平触发　　　D．上述均不对

8. 关于触发器，以下说法正确的是（　　）。
   A．具有记忆功能
   B．不具备记忆功能
   C．有一个稳定状态
   D．有两个稳定状态，且两个状态之间毫无关系

三、画图题

1. 如图 7-24 所示，对于 D 触发器，假定 Q 的初态为 **0**，画出输出 Q 和 $\overline{Q}$ 的波形。

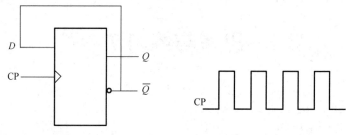

图 7-24　画图题 1 图

2．如图 7-25 所示，假定 JK 触发器初态为 **0**，试画出输出 Q 和 $\overline{Q}$ 的波形。

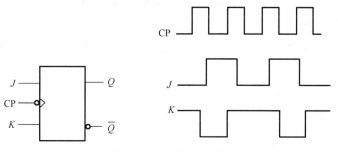

图 7-25　画图题 2 图

3．如图 7-26 所示，假定 JK 触发器初态为 **0**，试画出输出 Q 和 $\overline{Q}$ 的波形。

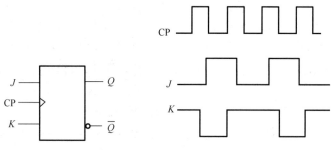

图 7-26　画图题 3 图

4．如图 7-27 所示，假定 JK 触发器初态为 **0**，试画出 Q 和 $\overline{Q}$ 的波形。

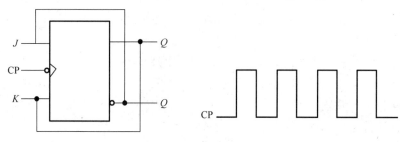

图 7-27　画图题 4 图

5．上升沿触发的 T 触发器的 CP 信号及输入信号如图 7-28 所示，试画出 Q 和 $\overline{Q}$ 的波形。

四、简答题

1．请说明触发器的空翻现象及哪些触发器可以克服空翻现象。

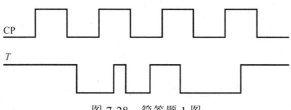

图 7-28 简答题 1 图

2．简述触发器的基本特性。

3．简述 JK 触发器的逻辑功能。

4．画出转换电路图，以说明 JK 触发器转换为 D 触发器的过程。

5．画出转换电路图，以说明 D 触发器转换为 JK 触发器的过程。

项目 8 数字电子时钟的设计与测试

知识目标

➢ 了解计数器的分类。
➢ 了解集成计数器 74LS161。
➢ 掌握使用集成计数器构造计数器的方法。
➢ 掌握中规模集成计数器的使用及功能测试。
➢ 掌握寄存器的逻辑功能。
➢ 掌握寄存器逻辑功能的测试方法。

技能目标

➢ 能使用集成计数器构建计数器，并对计数器进行功能测试。
➢ 能对寄存器进行功能测试。

项目背景

在我们的生活中随处可见数字电子时钟，而这些时钟大部分采用了电子电路构成的计数器。相对于机械时钟来说，数字电子时钟能更准确地计时，并更直观地显示时、分、秒。数字电子时钟的基本功能：精准计时，以数字形式显示时、分、秒以及校正时间。其中，时的计数采用二十四进制数，分和秒的计数采用六十进制数。

电子时钟除了具有显示基本时间的功能，还具有整点报时、闹铃、调整等功能。要想实现数字电子时钟的基本功能，时钟电路应由振荡电路、计数电路、译码和显示电路以及校时电路四大部分组成。

(1)振荡电路：是数字电子时钟的核心，振荡电路的稳定度和频率的精度决定了数字电子时钟的精准度，振荡电路的频率越高，计时精准度越高；反之，精准度越低。

(2)计数电路：采用二十四进制计数电路和六十进制计数电路。

(3)译码和显示电路：译码器将输入的二进制数转换成相应的输出信号；显示电路用来显示计时电路输出的结果。

(4)校时电路：使计数器可以正常计数。

任务 8.1　计数器逻辑功能测试

任务分析

在数字电子系统中，能够记忆输入脉冲个数的电路称为计数器。计数器常应用于分频、定时、产生节拍脉冲和脉冲序列、数字运算、程序和指令计数器等场所。本任务通过对计数器逻辑功能的测试，介绍计数器的基本知识。

知识链接

8.1.1　计数器的分类

计数器是数字电路中最常见的基本逻辑器件。根据条件的不同，我们可以对其做以下分类。

1. 根据进制类型不同，可以划分为三类

1）二进制计数器

当输入计时信号到来时，采用二进制数的规律进行计数的电路，称为二进制计数器。

2）十进制计数器

当输入计时信号到来时，采用十进制数的规律进行计数的电路，称为十进制计数器。

3）N 进制计数器

除上述的二进制和十进制计时器外，其他进制的计数器统称为 N 进制计时器。比如，当 $N=16$ 时，称为十六进制计数器。

2. 按照计数的功能，可以划分为三类

1）加法计数器

当输入计时信号到来时，采用递增的规律进行计数的电路，称为加法计数器。

2）减法计数器

当输入计时信号到来时，采用递减的规律进行计数的电路，称为减法计数器。

3）可逆计数器

在加、减信号的控制下，既可以采用递增计数，也可以采用递减计数的电路，称为可逆计数器。

3. 按照计数的进制方式，可以划分为两类

1）同步计数器

当输入计时信号到来时，要更新状态的触发器都是同时翻转的计数器，称为同步计数器。从电路结构上看，计数器中各个时钟触发器的时钟信号都是输入计数脉冲。

2）异步计数器

当输入计时信号到来时，要更新状态的触发器有的先翻转，有的后翻转，是异步进行的，该计数器称为异步计数器。从电路结构上看，计数器中各触发器的时钟信号不完全相同，有的触发器其时钟信号是输入计数脉冲，有的触发器其时钟信号是相邻触发器的输出。

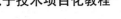

此外，计数器按使用的开关元件分，还可分为 TTL 计数器和 CMOS 计数器两大类。

8.1.2 二进制计数器

1. 异步加法计数器

异步计数器的计数脉冲不是同时加到各触发器上的。最低位触发器由计数脉冲触发翻转，其他触发器有时需由相邻低位触发器输出的进位脉冲来触发，因此各触发器状态变换的时间先后不一，只有在前级触发器翻转后，后级触发器才能翻转。

加法计数器：从表 8-1 中可看出，最低位触发器每来一个脉冲就翻转一次，每个触发器由 **1** 变为 **0** 时，要产生进位信号，这个进位信号应使相邻的高位触发器翻转。

图 8-1 所示的是采用 4 个 JK 触发器构成的 4 位异步二进制加法计数器电路。将 4 个 JK 触发器的置 **0** 端相连后作为 CR（清零脉冲）的输入端，CP 是计数脉冲输入，Q 为触发器输出端，低位触发器的输出端 Q 与高一位触发器的计数脉冲输入 CP 相连。

表 8-1　异步加法计数器状态表

脉冲数	二进制数		
	Q_2	Q_1	Q_0
0	0	0	0
1	0	0	1
2	0	1	0
3	0	1	1
4	1	0	0
5	1	0	1
6	1	1	0
7	1	1	1
8	0	0	0

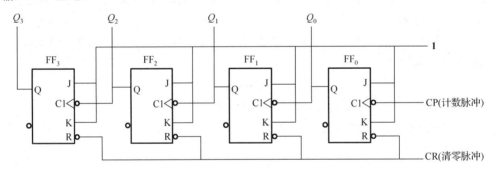

图 8-1　JK 触发器组成的 4 位异步二进制加法计数器电路

在计数之前，一般需要在 CR 上加低电平信号，使得所有的触发器都清零，即 $Q_0=0$，$Q_1=0$，$Q_2=0$，$Q_3=0$；当触发器的 $J=1$，$K=1$ 时，JK 触发器为计数状态，每有一个 CP 脉冲的有效触发，触发器输出就会发生一次翻转。

当第一计数脉冲 CP 到来之后，在 CP 脉冲从高位 **1** 变成低位 **0** 的下降沿，触发器 FF$_0$ 触发，其输出 Q_0 从原来的低位 **0** 变成高位 **1**；在第一个 CP 脉冲触发之前，由于 $Q_0=0$，Q_0 作为下一个 JK 触发器 FF$_1$ 的 CP，由于 Q_0 从低位 **0** 变成高位 **1**，对下一个 FF$_1$ 构成无效触发，所以 FF$_1$ 保持原输出状态，即 $Q_1=0$。同样，当第一个 CP 脉冲作用时，$Q_2 = 0$。所以，在第一个 CP 脉冲作用后，计数器的输出状态为 $Q_3=0$，$Q_2= 0$，$Q_1 = 0$，$Q_0= 1$。

第二个计数脉冲 CP 到来后，CP 脉冲下降沿对触发器 FF$_0$ 再次有效触发，其输出 Q_0 由原来的高位 **1** 变成低位 **0**，并对 FF$_1$ 进行触发，所以 FF$_1$ 翻转一次，其输出 Q_1 从低位 **0** 变成高位 **1**。由于 Q_1 从低位 **0** 变成高位 **1**，对 FF$_2$ 构成无效触发，所以 FF$_2$ 保持原输出状态。可见，在第二个 CP 脉冲作用之后，计数器的输出状态为 $Q_3=0$，$Q_2= 0$，$Q_1 = 1$，$Q_0=0$。

以此类推，在 CP 脉冲的不断触发下，整个电路中的触发器做出相应的翻转变化，完成二进制加法计数。图 8-2 所示是 4 位二进制加法计数器的工作波形图，从该工作波形图中可清楚地看出上述关系。

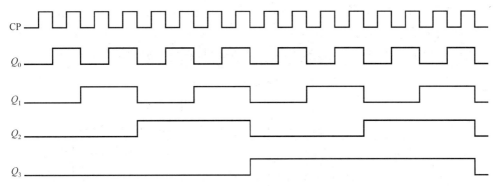

图 8-2　4 位二进制加法计数器的工作波形图

异步二进制加法计数器线路连接简单，计数脉冲只对第一个触发器有效，各触发器之间的触发时间是有先后顺序的，首先是第一个，然后是第二个，依次递增，但是当触发器级联数目过多时，总体的工作速度较慢。

2. 同步加法计数器

为改进异步二进制加法计数器存在的问题，我们设计一种同步加法计数器，由外部计数脉冲 CP 同时作用于所有的触发器，各触发器状态的变换与计数脉冲 CP 同步，但各触发器的翻转情况必须符合加法计数器或减法计数器的变化规律。

> **小知识**
>
> (1)加法计数运算规则：逢二进一。
>
> (2)最低位是两个最低数位相加的结果，无须考虑进位。
>
> (3)其余各位都是三个数相加的结果，包括加数、被加数和低位来的进位。
>
> (4)任何位相加都产生两个结果：本位和、向高位的进位。

主从 *JK* 触发器组成的 4 位同步二进制加法计数器电路如图 8-3 所示。从图中可以看出，同步加法计数器具有以下连接特点：

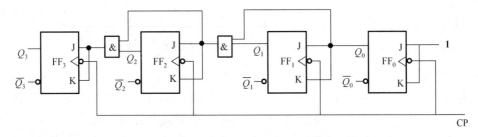

图 8-3　*JK* 触发器组成的 4 位同步二进制加法计数器电路

(1)所有触发器均连接到外部的计数脉冲上。

(2)FF_0 的 *J* 和 *K* 都是高位 **1**。

(3)FF_1 的 *J* 和 *K* 都连接 Q_0。

(4) FF_2 的 J 和 K 都连接 Q_0 和 Q_1 相与的输出。

(5) FF_3 的 J 和 K 都连接 Q_0、Q_1 和 Q_2 相与的输出。

从表 8-2 中可看出，最低位触发器 FF_0 每来一个脉冲就翻转一次；对于触发器 FF_1，当 $Q_0=1$ 时，再来一个脉冲则翻转一次；对于触发器 FF_2，当 $Q_0=Q_1=1$ 时，再来一个脉冲则翻转一次；对于触发器 FF_3，当 $Q_2=Q_1=Q_0=1$ 时，再来一个脉冲则翻转一次。

表 8-2　同步加法计数器状态表

计数脉冲数	二进制数 $Q_3\ Q_2\ Q_1\ Q_0$				十进制数	计数脉冲数	二进制数 $Q_3\ Q_2\ Q_1\ Q_0$				十进制数
0	0	0	0	0	0	9	1	0	0	1	9
1	0	0	0	1	1	10	1	0	1	0	10
2	0	0	1	0	2	11	1	0	1	1	11
3	0	0	1	1	3	12	1	1	0	0	12
4	0	1	0	0	4	13	1	1	0	1	13
5	0	1	0	1	5	14	1	1	1	0	14
6	0	1	1	0	6	15	1	1	1	1	15
7	0	1	1	1	7	16	0	0	0	0	0
8	1	0	0	0	8						

计数脉冲同时加到各位触发器上，当每个脉冲到来后，触发器状态是否改变要看 J、K 的状态。由于同步二进制计数的工作过程较为繁杂，这里就不再介绍。在实际的应用中，由于生产厂家已经生产出完整的集成电路，用户只需要熟悉元件的外部引脚、各引脚的逻辑功能以及它们之间的时序关系即可。

3. 异步二进制减法计数器

JK 触发器组成的 4 位异步二进制减法计数器电路如图 8-4 所示。

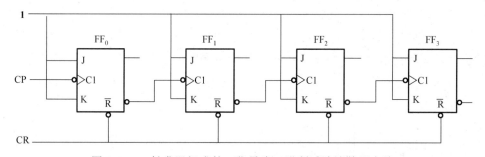

图 8-4　JK 触发器组成的 4 位异步二进制减法计数器电路

在计数之前，一般需要在 CR 上加低电平信号，使得所有的触发器都清零，即 $Q_0=0$，$Q_1=0$，$Q_2=0$，$Q_3=0$；当触发器的 $J=1$，$K=1$ 时，JK 触发器为计数状态，在输入第一个 CP 减法计数脉冲时，FF_0 的输出由 0 翻转到 1，输出一个下降沿脉冲，使 FF_1 的输出由 0 翻转到 1。FF_1 输出下降沿脉冲，使 FF_2 的输出也由 0 翻转到 1。同理 FF_3 的输出也依次由 0 翻转到 1，使计数器状态变化为 $Q_0=1$，$Q_1=1$，$Q_2=1$，$Q_3=1$。第二个 CP 减法计数脉冲使计数器状态变化为 $Q_0=0$，$Q_1=1$，$Q_2=1$，$Q_3=1$。以此类推，在 CP 脉冲的不断触发下，整个电路中的触发器做出相应的翻转变化，完成二进制减法计数。图 8-5 所示是 4 位二进制减法计数器的工作波形图，从该工作波形图中可清楚地看出上述关系。

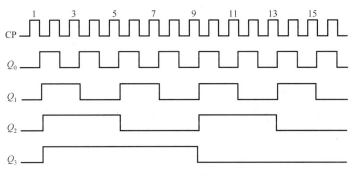

图 8-5 4位二进制减法计数器的工作波形图

小知识

同步置数与异步置数的区别

异步置数与时钟脉冲无关，只要异步置数端出现有效电平，置数输入端的数据立刻被置入计数器。因此，利用异步置数功能构成 N 进制计数器时，应在输入第 N 个 CP 脉冲时，通过控制电路产生置数信号，使计数器立即置数。

同步置数与时钟脉冲有关，当同步置数端出现有效电平时，并不能立刻置数，只是为置数创造了条件，需再输入一个 CP 脉冲才能进行置数。因此，利用同步置数功能构成 N 进制计数器时，应在输入第 $(N-1)$ 个 CP 脉冲时，通过控制电路产生置数信号，这样，在输入第 N 个 CP 脉冲时，计数器才置数。

4. 同步可逆计数器

可逆计数器也称为双向计数器。可逆计数器是可以进行正向和反向计数的计数器。这种计数器就是把加法计数器和减法计数器的作用合在一起，在逻辑线路上，对计数器的进位和借位脉冲进行适当的控制。即用一个与或门对进位和借位脉冲加以控制，便构成了可逆计数器，JK 触发器组成的 4 位同步可逆计数器电路如图 8-6 所示。

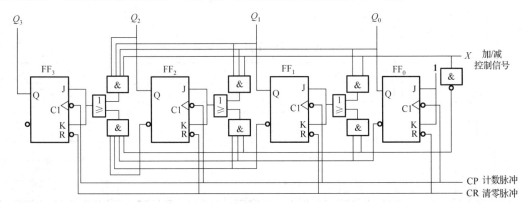

图 8-6 JK 触发器组成的 4 位同步可逆计数器电路

当加/减控制信号 X 为 **1** 时，FF_1、FF_2 和 FF_3 中的 J、K 分别与下一级触发器的 Q 相连接，运行加法计数；当控制信号 X 为 **0** 时，FF_1、FF_2 和 FF_3 中的 J、K 分别与下一级触发器的 $\overline{Q}$ 相连接，运行减法计数，从而实现可逆计数器的功能。

8.1.3 常用集成计数器

目前，无论是 TTL 还是 CMOS 集成电路，都有品种较为齐全的中规模集成计数器。我们只需要借助于器件手册提供的功能表和工作波形图以及引脚排列图，就可以很方便地使用这些器件。

1．集成同步二进制计数器

1）74LS161

集成同步二进制计数器芯片有许多品种，这里介绍常用的集成 4 位同步二进制加法计数器 74LS161/，其工作原理与前面介绍的 4 位同步二进制计数器一样。74LS161 的引脚排列图和逻辑功能示意图如图 8-7 所示。

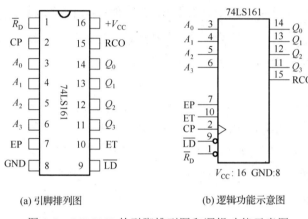

(a) 引脚排列图   (b) 逻辑功能示意图

图 8-7　74LS161 的引脚排列图和逻辑功能示意图

图 8-7 中，CP 是输入计数脉冲，也就是加到各触发器的时钟信号端上的时钟信号；$\overline{R}_D$ 是清零信号；$\overline{LD}$ 是置数控制信号；EP 和 ET 是两个计数器工作状态控制信号；$A_0 \sim A_3$ 是并行数据输入信号；RCO 是进位信号输出信号；$Q_0 \sim Q_3$ 是计数器状态输出信号。

从表 8-5 中可以看出，74LS161 具有下列功能。

表 8-5　74LS161 的功能表

\multicolumn{9}{输入信号}										输出信号				
$\overline{R}_D$	$\overline{LD}$	EP	ET	CP	A_3	A_2	A_1	A_0	Q_3	Q_2	Q_1	Q_0	RCO
0	×	×	×	×	×	×	×	×	0	0	0	0	0
1	0	×	×	↑	d_3	d_2	d_1	d_0	d_3	d_2	d_1	d_0	
1	1	1	1	↑	×	×	×	×	计数				
1	1	0	×	×	×	×	×	×	保持				
1	1	×	0	×	×	×	×	×	保持				0

（1）异步清零功能：当 $\overline{R}_D = 0$ 时，计数器清零，其他任何输入信号均无效；

（2）同步并行置数功能：当 $\overline{R}_D = 1$，$\overline{LD} = 0$ 时，在 CP 的上升沿，并行输入信号 $A_0 \sim A_3$ 开始计数，$Q_0 = A_0$，$Q_1 = A_1$，$Q_2 = A_2$，$Q_3 = A_3$；

（3）同步二进制加法计数功能：当 $\overline{R}_D = LD = 1$ 时，若 ET= EP = 1，则计数器对输入信号

CP 进行加法计数；

(4) 保持功能：当 $\overline{R_D} = \overline{LD} = 1$，若 ET= EP = **0**，则计数器将保持原来的状态不变。

所以，74LS161 是一个具有异步清零、同步并行置数、同步二进制加法计数、保持功能的 4 位同步二进制加法计数器。

> **小知识**
>
> 1) 同步清零法
>
> 同步清零法必须在清零信号有效时，在一个 CP 时钟脉冲触发沿到来时，才能使触发器清零。例如，采用 74LS163 构成同步清零十一进制计数器。
>
> 2) 反馈置数法
>
> 反馈置数法适用于具有预置数功能的集成计数器。对于具有同步置数功能的计数器来说，与同步清零法类似，即同步置数输入端获得置数有效信号后，计数器不能立刻置数，而是在下一个 CP 脉冲作用后，计数器才会置数。
>
> 对于具有异步置数功能的计数器来说，只要置数信号满足(不需要 CP 脉冲作用)，就可立即置数，因此异步反馈置数法仍需瞬时过渡状态作为置数信号。

2) CD4024B

集成异步二进制计数器芯片有许多种，这里介绍常用的集成 7 位异步二进制计数器 CD4024B。其工作原理与前面介绍的 4 位异步二进制计数器一样。

3) CD4060B

CD4060B 含有 4 位计数器，同时还包含了一个由非门电路组成的振荡器。其 $Q_4 \sim Q_{10}$、$Q_{12} \sim Q_{14}$ 是相应位的输出；第 1 位～第 3 位和第 11 位没有外输出端；Reset 是复位(清零)端，高电平有效。

2. 集成异步十进制计数器

1) 74LS290

集成异步十进制计数器 74LS290 的电路结构框图(未画出置 0 和置 9 输入端)和逻辑功能示意图如图 8-8 所示，图中 R_{0A} 和 R_{0B} 为置 0 输入，S_{9A} 和 S_{9B} 为置 9 输入。

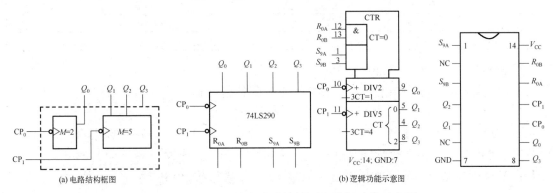

图 8-8 74LS290 的电路结构框图和逻辑功能示意图

74LS290 的状态表如表 8-6 所示。

74LS290 的主要功能如下。

表 8-6　74LS290 的功能表

输 入 信 号			输 出 信 号				说明
$R_{0A} \cdot R_{0B}$	$S_{9A} \cdot S_{9B}$	CP	Q_3	Q_2	Q_1	Q_0	
1	0	×	0	0	0	0	置0
0	1	×	1	0	0	1	置9
0	0	↓	计数				

（1）异步置 0 功能：$R_0 = R_{0A} \cdot R_{0B} = 1$，$S_9 = S_{9A} \cdot S_{9B} = 0$ 时，计数器置 0，即输出 **0000**。

（2）异步置 9 功能：$R_0 = R_{0A} \cdot R_{0B} = 0$，$S_9 = S_{9A} \cdot S_{9B} = 1$ 时，计数器置 9，即输出 **1001**。

（3）计数功能：$R_0 = R_{0A} \cdot R_{0B} = 0$，$S_9 = S_{9A} \cdot S_{9B} = 0$ 时，计数器处于计数工作状态，分为下面 4 种情况。

① 计数脉冲由 CP_0 输入、Q_0 输出，构成 1 位二进制计数器；

② 计数脉冲由 CP_1 输入、$Q_3 Q_2 Q_1$ 输出，构成异步五进制计数器；

③ 将 Q_0 与 CP_1 相连，计数脉冲由 CP_0 输入，$Q_3 Q_2 Q_1 Q_0$ 输出，构成 8421BCD 码异步十进制计数器；

④ 将 Q_3 与 CP_0 相连，计数脉冲由 CP_1 端输入，从高位到低位输出为 $Q_3 Q_2 Q_1 Q_0$，构成 5421BCD 码异步十进制加法计数器。

2）CC40192

CC40192 是同步十进制可逆计数器，具有双时钟输入，同时还具有清除和置数等功能。CC40192 的引脚说明如表 8-7 所示。

表 8-7　CC40192 的引脚说明

引　　脚	说　　明
LD	置数
CP_U	加计数
CP_D	减计数
CO	非同步进位输出
BO	非同步错位输出
$D_0 \sim D_3$	计数器输入
$Q_0 \sim Q_3$	数据输出
CR	清零

从表 8-7 可以看出，CC40192 具有下列功能。

（1）清零功能：当 CR=**1** 时，计数器清零，其他任何输入信号均无效。

（2）当 CR=**0**，LD=**0** 时，$Q_3 Q_2 Q_1 Q_0 = D_3 D_2 D_1 D_0$。

（3）当 CR=0，LD=**1** 时，执行计数功能。当执行加法计数时，减计数脉冲 $CP_D = 1$，计数脉冲由 CP_U 输入，在计数脉冲从低位变为高位的上升沿，计数器进行 8421 码十进制加法计数；当执行减法计数时，加计数脉冲 $CP_U = 1$，计数脉冲由 CP_D 输入。

8.1.4　计数器的级联

一片 74LS161 可构成从二进制到十六进制之间任意进制的计数器。利用两片 74LS161，就可构成从二进制到二百五十六进制之间任意进制的计数器。以此类推，可根据计数需要选取芯片的数量。单片中规模计数器的计数范围总是有限的，当计数范围超过单片计数器时，可用计数器的级联来实现。计数器级联的方法有以下两种。

1．同步级联

外加时钟，同时接到各片计数器的时钟输入，使各级计数器同步工作。前一级的进位信号输出 RCO 控制后一级的计数工作状态控制 ET（只有前一级的进位有效时才允许后一级计数）。应该注意：ET、EP 是有区别的，ET 受控于 RCO，EP 与 RCO 没有关系。例如，两片 74LS163 级联可构成二百五十六进制计数器。

2．异步级联

前一级计数器的进位输出作为后一级计数器的时钟信号（只有前一级的进位输出形成后一级的有效时钟沿时，后一级才允许计数），使各级计数器异步工作。例如，两片 74LS90 级联可构成一百进制计数器。

》》 任务实施

任务目标

(1)掌握中规模集成计数器的逻辑功能。
(2)掌握中规模集成计数器的使用方法。
(3)掌握利用集成计数器构成任意进制计数器的方法。

设备要求

(1)PC 一台。
(2)Multisim 软件。
①所选元器件如表 8-8 所示。

表 8-8　元器件清单

标识符与元器件	组	系　　列
VCC GND	Sources	POWER_SOURCES
CLOCK_VOLTAGE	Sources	SIGNAL_VOLTAGE_SOURCES
U1_74L161/CC40161	TTL	74LS
R1_1KΩ	Basic	RPACK
S1 − DSWPK_8	Basic SWITCH	Basic SWITCH
U2_DCD_HEX_GREEN	Indicators	HEX_DISPLAY

②逻辑分析仪（XLA1）。

实施内容及步骤

1．中规模集成同步二进制计数器 74LS161 逻辑功能验证

中规模集成芯片 74LS161 功能仿真测试电路如图 8-9 所示。

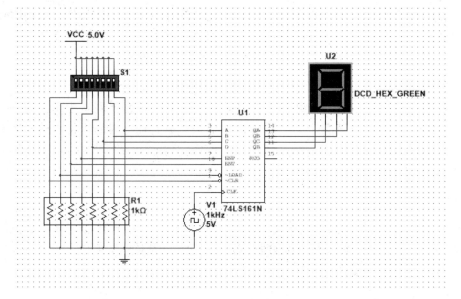

图 8-9　74LS161 功能仿真测试电路

启动 Multisim 软件，进入主界面窗口，选择菜单栏中的保存命令后，会弹出"保存"窗口，选择合适的保存路径并输入所需的文件名"Ex_1"，然后单击保存按钮，完成新文件的创建，如图 8-10 所示。

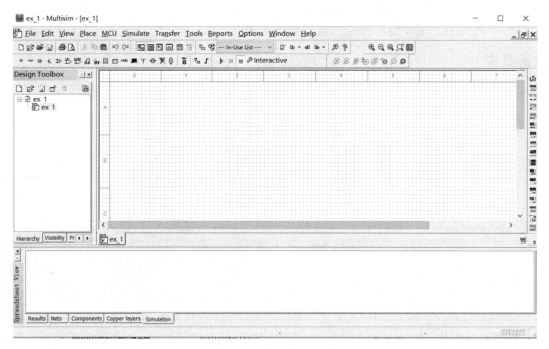

图 8-10　新文件的创建

文件新建完成后，下一步应该将电路相关的元器件从器件库中调出来，执行菜单命令"Place"→"Component"即可打开"Select a Component"（选择元器件）对话框，如图 8-11所示。

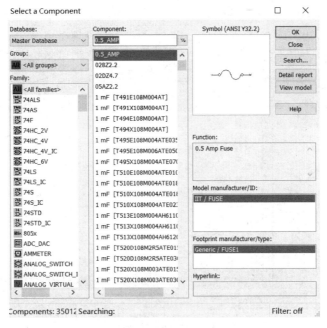

图 8-11 选择元器件(1)

参考表 8-8，选择实验所需要的元器件。选择"Indicators"组下"74LS"系列中的"74LS161N"选项，再单击"OK"按钮即可，如图 8-12 所示。

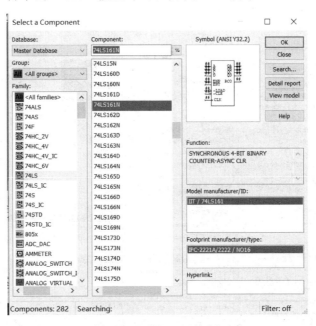

图 8-12 选择元器件(2)

此时元器件轮廓呈现为虚线，等待用户确定放置的位置。在此过程中，如果有必要对元器件进行旋转或镜像等操作，可以使用通用的【Ctrl+R】【Ctrl+X】【Ctrl+Y】等快捷键。将光标移动到工作台的合适位置上，再用鼠标左键单击一下即可放置此元器件，可以看到，此元器件的标识符是 U1，如图 8-13 所示。

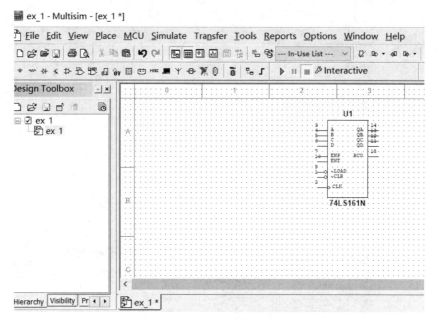

图 8-13　元器件放置

同理，选择"Indicators"组下"HEX_DISPLAY"系列中的"DCD_HEX_GREEN"选项，再单击"OK"按钮即可，如图 8-14 所示。

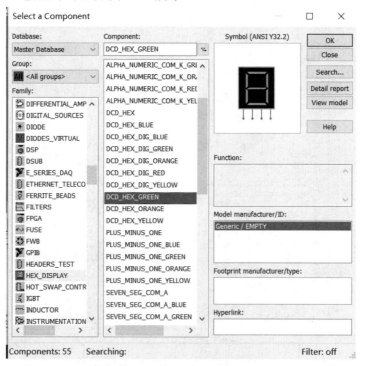

图 8-14　选择元器件(3)

继续放置其他元器件，如电源、接地、电阻、开关、时钟源。

所有的元器件都有用来连接其他元器件或仪器的引脚，将光标放在元器件的引脚上，当光标变成十字准线之后单击一下鼠标，然后移动光标，将其连接到其他引脚上之后再单击一下鼠标，即可完成引脚的连接操作，如图 8-15 所示。

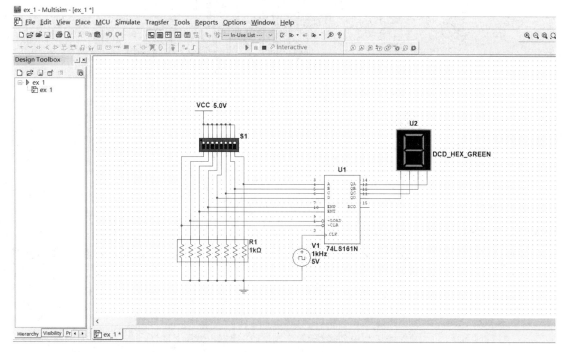

图 8-15 引脚的连接操作

启动仿真（单击 ▶ 按钮），拨动逻辑电平开关，按表 8-9 数据测试 74LS161 的功能，在表中记录测试结果（表中输入、输出信号请对照图 8-7(b)填写）。

表 8-9 74LS161 测试结果

输 入 信 号									输 出 信 号			
$\overline{R_D}$	$\overline{LD}$	EP	ET	CP	A_3	A_2	A_1	A_0	Q_3	Q_2	Q_1	Q_0
0	×	×	×	×	×	×	×	×				
1	**0**	×	×	↑	d_3	d_2	d_1	d_0				
1	**1**	**1**	**1**	↑	×	×	×	×				
1	**1**	**0**	×	×	×	×	×	×				
1	**1**	×	**0**	×	×	×	×	×				

2．利用 74LS160 构成六进制计数器，测试电路功能

1）同步清零法

根据上述步骤，按照图 8-16 连接电路。启动仿真，可以看到计数器从 0 到 6 进行计数并通过数码管显示。

逻辑分析仪设置：在"Clock"栏中，按下"Set"按钮，在"Clock Setup"对话框中，设定时钟刻度为 1kHz；选定"Clock/Div"为 10。打开电源开关，观察数码管显示数值的变化规律。关掉电源，仔细观察时序图。

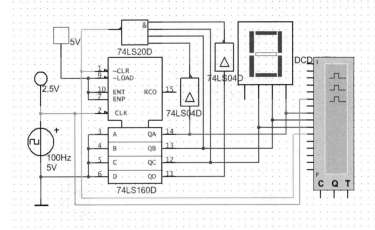

图 8-16　同步清零法仿真测试图

2) 反馈置数法

根据上述步骤，按照图 8-17 连接电路。启动仿真，可以看到计数器从 0 到 6 进行计数并通过数码管显示。

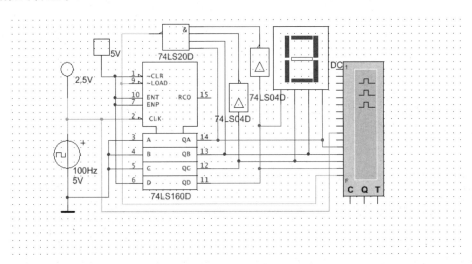

图 8-17　反馈置数法仿真测试图

逻辑分析仪设置：在"Clock"栏中，按下"Set"按钮，在"Clock Setup"对话框中，设定时钟刻度为 1kHz；选定"Clock/Div"为 10。打开电源开关，观察数码管显示数值的变化规律。关掉电源，即可仔细观察时序图。

3. 利用两片 74LS160 构成一百进制计数器，测试电路功能

根据上述步骤，按照图 8-18 连接电路。启动仿真，可以看到计数器从 0 到 100 进行计数并通过数码管显示。

▶▶ **任务评价**

任务 8.1 评价表如表 8-10 所示。

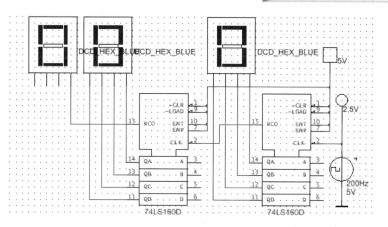

图 8-18 两片 74LS160 构成一百进制计数器仿真测试图

表 8-10 任务 8.1 评价表

任 务	内 容	分 值	考 核 要 求	得 分
74LS161 逻辑功能验证	集成芯片 74LS161 功能测试	30	正确连接电路，选择正确的元器件，记录仿真测试结果	
74LS160 构成六进制计数器	1. 同步清零法构成六进制计数器 2. 反馈置数法构成六进制计数器	50	正确连接电路，选择正确的元器件，记录仿真测试结果，验证设计是否符合预期	
态度	1. 积极性 2. 遵守安全操作规程 3. 纪律和卫生情况	20	积极参加训练，遵守安全操作规程，保持工位整洁，有良好的职业道德及团队精神	
合计		100		

任务 8.2 寄存器逻辑功能测试

任务分析

把二进制数据或代码暂时存储起来的操作称为寄存，具有寄存功能的电路称为寄存器。寄存器是一种基本时序电路，在数字系统中几乎是无所不在的，任何现代数字系统都必须把需要处理的数据、代码先寄存起来，以便随时取用。本任务通过对寄存器逻辑功能的测试，介绍寄存器的相关知识，并介绍根据需求选择适合的寄存器。

知识链接

8.2.1 寄存器

1. 寄存器的主要特点

从电路组成上看，寄存器是由具有存储功能的触发器组合起来构成的，可以使用基本触发器、同步触发器、主从触发器或边沿触发器，电路结构比较简单。

从基本功能上看，寄存器的任务主要是暂时存储二进制数据或者代码，一般情况下，不对存储内容进行处理，逻辑功能比较单一。

2．寄存器的分类

1）基本寄存器

数据或代码只能并行输入寄存器中，需要时也只能并行输出。存储单元用基本触发器、同步触发器、主从触发器及边沿触发器均可。

2）移位寄存器

存储在寄存器中的数据或代码在移位脉冲的操作下，可以依次逐位右移或左移，而数据或代码既可以并行输入、输出，也可以串行输入、输出，还可以并行输入、串行输出或串行输入、并行输出，十分灵活，用途也很广。存储单元只能用主从触发器或者边沿触发器。

8.2.2 基本寄存器

一个触发器可以存储 1 位二进制数，寄存 n 位二进制数码需要 n 个触发器。

1．D 触发器组成的 4 位集成数码寄存器 74LS175

D 触发器组成的 4 位集成数码寄存器 74LS175 的逻辑电路图如图 8-19 所示。$\overline{CR}$ 是异步清零信号（存储数据之前需先将寄存器清零，否则有可能出错）；CP 为时钟脉冲；$D_0\sim D_3$ 是并行输入信号；$Q_0\sim Q_3$ 是并行输出信号。

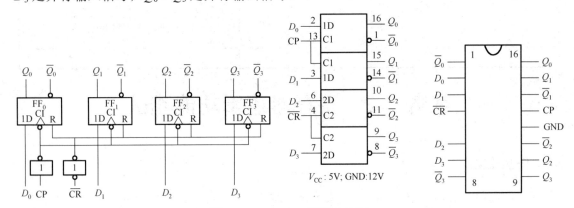

图 8-19　74LS175 逻辑电路图

从表 8-11 中可以看出，74LS175 具有下列功能。

表 8-11　74LS175 功能表

输 入 信 号						输 出 信 号			
$\overline{CR}$	CP	D_3	D_2	D_1	D_0	Q_3	Q_2	Q_1	Q_0
0	×	×	×	×	×	**0**	**0**	**0**	**0**
1	↑	d_3	d_2	d_1	d_0	d_3	d_2	d_1	d_0
1	**0**	×	×	×	×	保持			

（1）置 **0** 功能：在进行对寄存器写数据之前，必须先将寄存器清零，否则有可能出错，当 $\overline{CR} =$ **0** 时，通过异步输入端将 4 个边沿 D 触发器都复位到零状态；

（2）并行送数功能：当 $\overline{CR} =$ **1** 时，在 CP 的上升沿送数，无论寄存器中原来存储的数据是什么，当 $\overline{CR}$ =1 时，只要送数时钟 CP 上升沿到来，并行输入 $D_0 \sim D_3$ 马上就被送入寄存器中，可以并行引出输出 $Q_0 \sim Q_3$，也可以并行引出反码输出 $\overline{Q}_0 \sim \overline{Q}_3$；

（3）保持功能：当 $\overline{CR}$ =1 时，在 CP 上升沿除外的时间内，寄存器保持内容不变，即各个输出端的状态与输入的数据无关。

2. 双 4 位 D 锁存器 74116

图 8-20 是双 4 位 D 锁存器 74116 的引脚排列图，芯片中集成了两个彼此独立的 4 位 D 锁存器，对其中一个 4 位 D 锁存器来说，$\overline{CLR}$ 是清零信号，$\overline{G_1}$、$\overline{G_2}$ 是控制信号，$D_0 \sim D_3$ 是并行输入信号，$Q_0 \sim Q_3$ 是并行输出信号（图中，信号前的数字 1、2 用于区分两个 D 锁存器）。

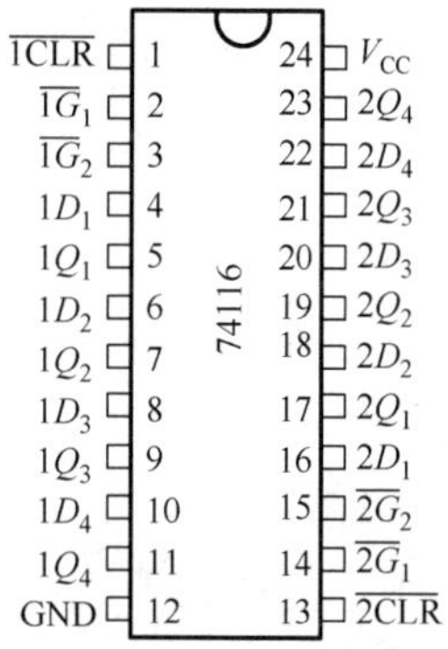

从表 8-12 可以看出，74116 具有下列功能。

（1）置 **0** 功能：在对寄存器进行写数据之前，必须先将寄存器清零，否则有可能出错，当 CLR=**0** 时，4 位 D 锁存器复位到 **0** 状态；

（2）并行送数功能：当 CLR=**1**，$G_1 = G_2 =$**0** 时，并行输入 $D_0 \sim D_3$ 马上就被送入寄存器中；

（3）保持功能：当 CLR=**1**，$G_1 = G_2 =$**1** 时，寄存器保持内容不变，即各个输出端的状态与输入的数据无关。

图 8-20 双 4 位 D 锁存器 74116 的引脚排列图

表 8-12 74116 的功能表

输 入 信 号				输出信号 Q
清 除	允 许		数 据	
	$\overline{G_1}$	$\overline{G_2}$		
1	0	0	0	0
1	0	0	1	1
1	×	1	×	Q_0
1	1	×	×	Q_0
0	×	×	×	0

8.2.3 移位寄存器

移位寄存器是一类应用很广的时序逻辑电路。移位寄存器不仅能寄存数码，而且还能根据要求，在移位时钟脉冲的作用下，将数码逐位左移或者右移。

移位寄存器的移位分为单向移位和双向移位。单向移位寄存器有左移移位寄存器、右移移位寄存器之分；双向移位寄存器又称可逆移位寄存器，在门电路的控制下，既可左移数码又可右移数码。

1. 单向移位寄存器

将若干个触发器串接即可构成单向移位寄存器。由 4 个 D 触发器组成的 4 位同步右移移位寄存器如图 8-21 所示。数码 D_I 由 FF_0 的输入端串行输入。

设串行输入的数码 D_I=**1001**，单向移位寄存器具有下列功能。

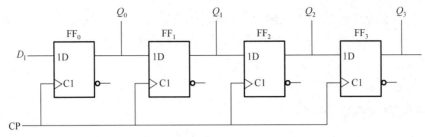

图 8-21　4 个 D 触发器组成的 4 位同步右移移位寄存器

（1）置 0 功能：利用各触发器的复位端将 $FF_3 \sim FF_0$ 置为 0 态。按照由高到低的顺序输入数码 D_I。

（2）并行送数功能：输入第一个数码 1 时，$D_0=D_I=1$、$D_1=Q_0=0$、$D_2=Q_1=0$、$D_3=Q_2=0$，在第一个移位脉冲信号 CP 上升沿到来时，Q_0 由 0 态变为 1 态，第一个数码 1 存入；同时 $D_1=Q_0=0$ 移入，以此类推，各触发器中原存储的数码均依次右移一位。这时，寄存器的状态为 $Q_3Q_2Q_1Q_0=0001$。输入第二个数码 0 时，在第二个移位脉冲信号 CP 上升沿到来时，第二个数码 0 存入 FF_0，$Q_0=0$。FF_0 中原来的数码 1 移入 FF_1 中，$Q_1=1$，同理 $Q_2=Q_3=0$，移位寄存器中的数码又依次右移一位。这样，在 4 个移位脉冲的作用下，输入的 4 位串行数码 1001 全部存入寄存器中。

（3）保持功能：寄存器保持内容不变。

2．双向移位寄存器

在计算机中经常使用的双向移位寄存器需要同时具有左移位和右移位的功能。它在一般移位寄存器的基础上增加了左、右移位控制端，右移串行输入端，左移串行输入端。在左移位或右移位控制信号取 0 或 1 的两种不同情况下，当 CP 脉冲信号作用时，电路即可实现左移功能或右移功能。

74LS194 是 4 位双向移位寄存器，具有左移、右移、并行置数、保持、清除等多种功能，图 8-22 为其逻辑功能示意图。$D_0 \sim D_3$ 为并行输入，D_R 为右移串行输入，D_L 为左移串行输入，M_0 和 M_1 为工作方式控制信号，$Q_0 \sim Q_3$ 为并行数码输出信号，CP 为移位脉冲输入信号。

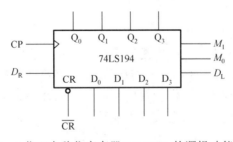

图 8-22　4 位双向移位寄存器 74LS194 的逻辑功能示意图

从表 8-13 可以看出，74LS194 具有下列功能。

（1）置 0 功能：在对寄存器进行写数据之前，必须先将寄存器清零，否则有可能出错，当 $\overline{CR}=0$ 时，通过异步输入端将双向移位寄存器都复位到 0 状态。

表 8-13　4 位双向移位寄存器 74LS194 的功能表

输 入 信 号									输 出 信 号				说明
$\overline{CR}$	M_1	M_0	CP	D_L	D_R	D_0	D_1	D_2	D_3	Q_0	Q_1	Q_2	Q_3	
0	×	×	×	×	×	×	×	×	×	0	0	0	0	清零
1	×	×	**0**	×	×	×	×	×	×	保持				
1	**1**	**1**	↑	×	×	d_0	d_1	d_2	d_3	d_0	d_1	d_2	d_3	并行置数
1	**0**	**1**	↑	×	**1**	×	×	×	×	**1**	Q_0	Q_1	Q_2	右移输入 1
1	**0**	**1**	↑	×	**0**	×	×	×	×	**1**	Q_0	Q_1	Q_2	右移输入 0
1	**1**	**0**	↑	**1**	×	×	×	×	×	Q_1	Q_2	Q_3	**1**	左移输入 1
1	**1**	**0**	↑	**0**	×	×	×	×	×	Q_1	Q_2	Q_3	**1**	左移输入 0
1	**0**	**0**	×	×	×	×	×	×	×	保持				

（2）并行送数功能：当 $\overline{CR}=1$，$M_1=M_0=1$ 时，在 CP 的上升沿送数，即无论寄存器中原来存储的数据是什么，当 CR=1 时，只要送数时钟 CP 的上升沿到来，并行输入 $D_0 \sim D_3$ 马上就被送入寄存器中。

① 右移串行送数功能：当 $\overline{CR}=1$，$M_1=M_0=1$ 时，在 CP 上升沿的到来时，可依次把 D_R 从时钟触发器 FF_0 串行传输到寄存器中。

② 左移串行送数功能：当 $\overline{CR}=1$，$M_1=M_0=0$ 时，在 CP 上升沿的到来时，可依次把 D_L 从时钟触发器 FF_3 串行传输到寄存器中。

（3）保持功能：当 $\overline{CR}=1$，CP=0 或者 $M_1=M_0=0$ 时，在 CP 上升沿除外的时间内，寄存器保持内容不变，即各个输出端的状态与输入的数据无关。

4．移位寄存器的应用

寄存器作为一种时序逻辑电路功能器件，广泛应用于计算机和各类数字系统之中，主要用来暂时保存二进制信息，并且写入/读出速度很快。比如，在计算机 CPU(中央处理单元)中，尤其是在新型 CPU 中，大量使用了寄存器，用以提高计算机运算速度和性能。又如，在各类数字器件和接口电路中，也大量使用了寄存器用于数据缓冲和数据暂存。

1）环形计数器

环形计数器是由移位寄存器构成的，状态转换图如图 8-23 所示。环形计数器计数循环回路中的每个状态都使用一个触发器，也就是说，n 个触发器仅表示 n 个有效状态。环形计数器最主要的特点是计数状态不需要译码电路，可直接由触发器状态端接出，作为译码信号用。

2）扭环计数器

由 74LS194 构成的扭环计数器状态转换图如图 8-24 所示。与上述环形计数器不同的是，其连接到 D_R 的是 $\overline{Q}_3$，而不是 Q_3，对于寄存器内部电路而言是引自 Q_3 的，与环形计数器相比，好像环路"扭"了一下，这也是扭环计数器的由来。扭环计数器中触发器的利用率提高了一倍，计数状态数为 $2n$，n 为触发器数。

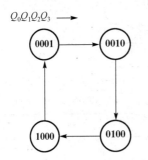

图 8-23　环形计数器状态转换图

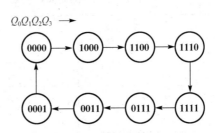

图 8-24　扭环计数器状态转换图

任务实施

任务目标

(1)掌握寄存器的逻辑功能。

(2)掌握寄存器逻辑功能的测试方法。

设备要求

(1)PC 一台。

(2)Multisim 软件。

实施步骤

(1)连接仿真测试电路。

寄存器 74LS175 逻辑功能仿真测试电路如图 8-25 所示。

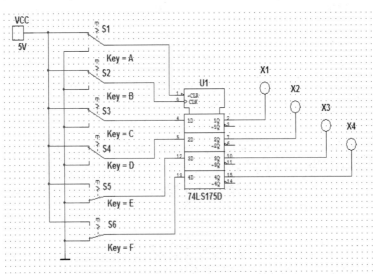

图 8-25　74LS175 逻辑功能仿真测试电路

(2)打开仿真开关，启动电路仿真，按动 A、B、C、D、E、F 按键，分别设置 S1～S6 的状态，观察指示灯 X1～X4 的亮灭。

（3）按照表 8-14 验证 74LS175 的逻辑功能（表中输入、输出信号请对照图 8-19 确定）。

表 8-14 74LS175 功能表

输入						输出			
$\overline{CR}$	CP	D_3	D_2	D_1	D_0	Q_3	Q_2	Q_1	Q_0
0	×	×	×	×	×				
1	↑	d_3	d_2	d_1	d_0				
1	0	×	×	×	×				

▶▶ 任务评价

任务 8.2 评价表如表 8-15 所示。

表 8-15 任务 8.2 评价表

任务	内容	分值	考核要求	得分
74LS175 逻辑功能仿真测试	寄存器 74LS175 逻辑功能仿真测试	70	正确连接电路，记录仿真测试结果，验证设计是否符合预期	
态度	1. 积极性 2. 遵守安全操作规程 3. 纪律和卫生情况	30	积极参加训练，遵守安全操作规程，保持工位整洁，有良好的职业道德及团队精神	
合计		100		

实训 8 数字电子时钟的设计与测试

实训 8.1 设计指标

（1）熟悉集成计数器的功能及测试方法。
（2）掌握用集成计数器构成任意进制计数器的方法。
（3）了解并掌握数字电子时钟的设计方法。

实训 8.2 设计任务和要求

设计一款简易数字电子时钟，实现以下功能：
（1）可以进行计时，通过数码管显示时、分、秒。
（2）时的计数采用二十四进制计数器，分和秒的计数采用六十进制计数器。
（3）完成数字电子时钟电路的仿真调试。
（4）撰写使用说明书。

实训 8.3 元器件选择

（1）若干共阳极数码管。
（2）集成计数器 74LS90。
（3）若干开关。

(4)若干阻容元件。

实训 8.4 设计方案

根据设计要求设计一个简易数字电子时钟的结构框图。其工作原理是：振荡器产生标准的脉冲信号作为时钟的振源。秒计数器满 60 向分计数器个位进位，分计时器满 60 向时计数器个位进位，时计数器按照"24 翻转 1"的规律计数。将计数器的输出经译码器送入显示器。当计时出现误差时，校正时、分、秒。

(1)时钟电路可以用 555 多谐振荡器、石英晶体振荡器等，其中 555 多谐振荡器调整方便，而石英晶体振荡器准确度高。振荡器主要用来产生频率稳定的时间标准信号，以用于保证数字电子时钟的精准度。

(2)为得到秒信号，需要设计秒脉冲发生电路，对振荡器的输出信号进行分频，以得到 1Hz 的秒信号。

(3)计数器电路设计。

① 二十四进制计数器。

时的计数器为二十四进制计数器，选用 74LS90 来实现，参考电路如图 8-26 所示。

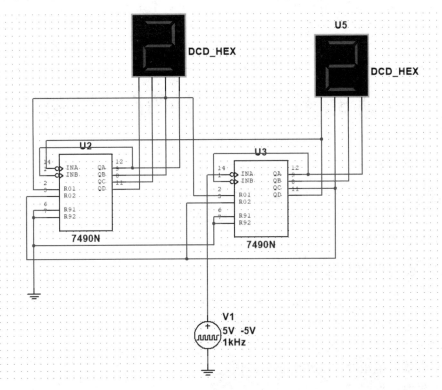

图 8-26 二十四进制计数器仿真测试图

② 六十进制计数器。

秒和分的计数器均是六十进制计数器，选用两片 74LS90，参考电路如图 8-27 所示。

(4)显示电路选用数码管来显示输出数值。

(5)设计各个部分子电路并进行组合，即可得到数字电子时钟的整体电路。

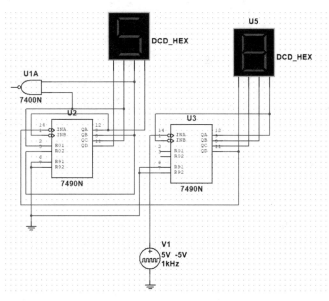

图 8-27　六十进制计数器仿真测试图

思考与练习 8

一、填空题

1. 构成一个六进制计数器最少要用_____个触发器，这时构成的电路有_____个有效状态，_____个无效状态。

2. 4 位二进制加法计数器现态为 **1000**，当下一个脉冲到来时，计数器的状态变为_____。

3. 4 个触发器构成的计数器最多有_____个有效状态。

4. 时序逻辑电路按照其触发器是否有统一的时钟控制分为_____时序电路和_____时序电路。

二、选择题

1. 同步时序电路和异步时序电路相比，其差异在于后者（　　）。
   A. 没有触发器　　　　　　　　　　B. 没有统一的时钟脉冲控制
   C. 没有稳定状态　　　　　　　　　D. 输出只与内部状态有关

2. N 个触发器可以构成最大计数长度(进制数)为（　　）的计数器。
   A. $N-1$　　　　B. $2N$　　　　　　C. N^2　　　　　　　　D. N

3. N 个触发器可以构成能寄存（　　）位二进制数码的寄存器。
   A. $N-1$　　　　B. N　　　　　　C. $N+1$　　　　　　　D. $2N$

4. 5 个 D 触发器构成环形计数器，其计数长度为（　　）。
   A. 5　　　　　　B. 10　　　　　　C. 25　　　　　　　　D. 32

5. 和异步计数器相比，同步计数器的显著优点是（　　）。

A．工作速度高 　　　　　　　　B．触发器利用率高

C．电路简单 　　　　　　　　　D．不受时钟 *CP* 控制

6．8 位移位寄存器，串行输入时经（　　）个脉冲后，8 位数码全部移入寄存器中。

A．1 　　　　　B．2 　　　　　C．4 　　　　　D．8

三、分析题

1．采用异步清零法，用集成计数器 74LS161 设计一个十四进制计数器，画出逻辑电路图。

2．采用预置复位法，用集成计数器 74LS161 设计一个十一进制计数器，画出逻辑电路图。

3．采用进位输出置最小数法，用集成计数器 74LS161 设计一个十二进制计数器，画出逻辑电路图。

4．采用级联法，用集成计数器 74LS161 设计一个一百零八进制计数器，画出逻辑电路图。

5．采用同步清零法，用集成计数器 74LS290 设计一个三进制计数器和九进制计数器，画出逻辑电路图。

项目 **9** 锯齿波电路的设计与测试

知识目标

➢ 掌握 555 定时器的电路结构、特点和工作原理。

➢ 掌握 555 定时器的典型应用。

➢ 掌握用 555 定时器制作锯齿波发生器的原理。

技能目标

➢ 熟悉脉冲产生与整形电路的组成、工作原理及测试调整方法。

➢ 能完成锯齿波电路的设计、组装和调试。

项目背景

在电子工程、通信工程、自动控制等领域，有很多场合需要锯齿波、正弦波、矩形波和三角波等作为基本测量信号，标准锯齿波的波形先呈直线上升，随后陡落，之后再上升，再陡落，如此反复，是一种非正弦波。由于波形类似锯齿，即具有一条直的斜线和一条垂直于横轴的直线的重复结构，故被命名为锯齿波。

任务　555 电路逻辑功能测试

▶▶ 任务分析

555 电路由于内部含有 3 个 5kΩ 电阻而得名，开始时多作为定时器应用，故又称为 555 定时器或 555 时基电路。555 定时器是一种将模拟电路与数字逻辑功能相结合的多用途中规模集成电路，具有定时精确、工作速度快、可靠性高等优点，被广泛应用于数字设备、工业控制、电子玩具、家用电器等领域。

◆◆ 知识链接

1. 555 定时器的工作原理

555 定时器是一种模拟-数字混合集成电路，可以构成波形产生电路，整形电路，定时、延时电路。集成定时器的产品可以分为双极型和 CMOS 型，根据集成电路内部定时器的个数，其可以分为单定时器和双定时器。双极型单定时器型号的最后 3 位数字为 555，双极型双定时器型号的最后 3 位数字为 556，其工作电压范围为 4.5～15V，最大负载电流是 200mA。CMOS 型单定时器型号的最后 4 位数字为 7555，CMOS 型双定时器的最后 4 位数字为 7556，其电源电压范围为 3～18V，最大负载电流在 4mA 以下。不同类型的同型号芯片的逻辑功能和引脚排列完全一样，便于互换。

555 定时器的内部电路和引脚排列图如图 9-1 所示，它由 4 部分组成：

(1) 3 个 $5k\Omega$ 电阻组成的电阻分压器；

(2) 2 个电压比较器 C_1、C_2；

(3) 1 个由 G_1 和 G_2 与非门构成基本 RS 触发器；

(4) 放电三极管 VT_D 和输出缓存器 G_3。

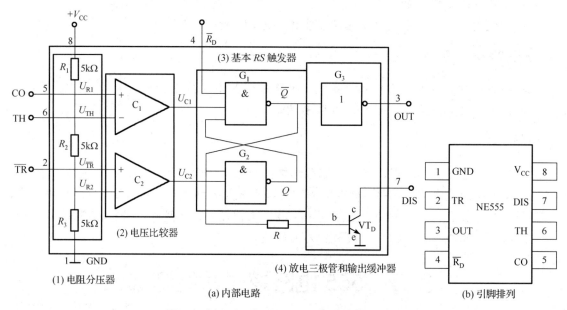

图 9-1　555 定时器的内部电路和引脚排列图

1) 电阻分压器

它是由 3 个 $5k\Omega$ 电阻串联组成的分压电路。当电压控制端 CO（引脚 5）不外接控制电压时，电压比较器 C_1 的同相输入端提供 $\frac{2}{3}V_{CC}$ 的基准电压，电压比较器 C_2 的反向端提供 $\frac{1}{3}V_{CC}$ 的基准电压，为了防止高频干扰，一般情况在 CO 端与地之间连接一个电容。当电压控制端 CO（引脚 5）外接控制电压时，电压比较器 C_1 的同相输入端输入 V_{CC}，电压比较器 C_2 的反向输入端输入 $\frac{1}{2}V_{CC}$。

2) 电压比较器

电压比较器由运算放大电路组成，当同相输入端电压大于反向输入端电压时，电压比较器输出高电平 **1**；当同相输入端电压小于反向输入端电压时，电压比较器输出低电平 **0**。

3) 基本 *RS* 触发器

它由 G_1 和 G_2 两个与非门组成，输入信号为电压比较器的输出电压 U_{C1} 和 U_{C2}，逻辑功能如表 9-1 所示。

表 9-1　逻辑功能

U_{C1}	U_{C2}	Q^n	Q^{n+1}	说　　明
0	**0**	**0**	×	触发器状态不定
0	**0**	**1**	×	
0	**1**	**0**	**0**	触发器置 0
0	**1**	**1**	**0**	
1	**0**	**0**	**1**	触发器置 1
1	**0**	**1**	**1**	
1	**1**	**0**	**0**	触发器状态保持不变
1	**1**	**1**	**1**	

4) 放电三极管 VT_D 和输出缓存器 G_3

三极管 VT_D 作为开关管使用，受基本 *RS* 触发器的输出 $\bar{Q}$ 控制，当 $\bar{Q}$ 为高电平时，三极管 VT_D 导通，可以外接电容进行放电；当 $\bar{Q}$ 为低电平时，三极管 VT_D 截止，可以外接电容通过三极管 VT_D 进行充电。

G_3 作为输出缓冲器，目的是提高定时器的带负载能力和隔离外接负载对定时器工作的影响。

综合上述分析，555 定时器的功能见表 9-2 所示。

表 9-2　555 定时器的功能表

输　　入			输　　出	
TH	$\overline{\text{TR}}$	$\overline{R}_D$	OUT	VT_D 状态
×	×	**0**	**0**	导通
$>\dfrac{2}{3}V_{CC}$	$>\dfrac{1}{3}V_{CC}$	**1**	**0**	导通
$<\dfrac{2}{3}V_{CC}$	$<\dfrac{1}{3}V_{CC}$	**1**	**1**	截止
$<\dfrac{2}{3}V_{CC}$	$>\dfrac{1}{3}V_{CC}$	**1**	不变	不变

在 555 定时器外围连接电阻、电容等元件，就可以构成施密特触发器、单稳态触发器和多谐振荡器等电路。

2. 555 定时器构成单稳态触发器

利用 555 定时器及外接电阻 *R* 和电容 *C* 构成的单稳态触发器如图 9-2 所示。单稳触发器有两种不同工作状态：稳定状态(简称稳态)和暂时稳定状态(简称暂稳态)，在外界触发信号作用下，其可以从稳态翻转为暂稳态，维持一段时间之后，再自动返回稳态。

将 555 定时器的 $\overline{\text{TR}}$ 作为外部触发信号 U_i 的输入端，根据 555 定时器的功能表 9-2，分析 555 定时器构成的单稳态触发器，可以得到输出波形如图 9-3 所示。

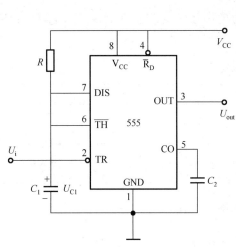

图 9-2　555 定时器构成的单稳态触发器

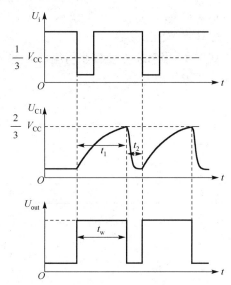

图 9-3　555 定时器构成的单稳态触发器波形图

电路进入暂稳态的条件：$U_i \leqslant \dfrac{1}{3} V_{\text{CC}}$。

由暂稳态自动返回稳态的条件：电容 C_1 两端的电压 U_{C1} 上升到 $U_{\text{C1}} \geqslant \dfrac{2}{3} V_{\text{CC}}$，且 $U_i > \dfrac{1}{3} V_{\text{CC}}$。

单稳态触发器输出脉冲的宽度 t_w 为暂稳态维持时间，它的长短取决于电阻 R、电容 C_1 的参数，与输入信号无关。通过计算可得输出脉冲的宽度

$$t_w = RC_1 \ln 3 \approx 1.1 RC_1$$

3．555 定时器构成施密特触发器

将 555 定时器的 $\overline{\text{TR}}$ 和 TH 连接在一起作为外部触发信号 U_i 的输入端，即可构成施密特触发器，如图 9-4 所示。根据 555 定时器的功能表，将三角波作为输入触发信号，可以得到输出波形如图 9-5 所示，分析 555 定时器构成的施密特触发器工作原理。

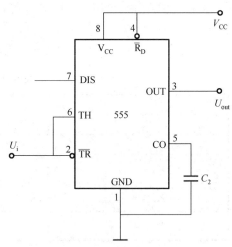

图 9-4　555 定时器构成的施密特触发器

(1)当 $U_i < \dfrac{1}{3} V_{\text{CC}}$ 时，基本 RS 触发器置 **1**，即 $Q=\textbf{1}$，$\overline{Q}=\textbf{0}$，输出 U_{out} 为高电平。

(2)当 $\dfrac{1}{3} V_{\text{CC}} < U_i < \dfrac{2}{3} V_{\text{CC}}$ 时，基本 RS 触发器维持状态不变，输出 U_{out} 保持原状态不变。

(3)当 $U_i > \dfrac{2}{3} V_{\text{CC}}$ 时，基本 RS 触发器置 **0**，即 $Q=\textbf{0}$，$\overline{Q}=\textbf{1}$，输出 U_{out} 为低电平。

4．555 定时器构成多谐振荡器

利用 555 定时器及外接电阻 R 和电容 C 构成的多谐振荡器如图 9-6 所示。多谐振荡器没有稳态，只有两个暂稳态，不需要外加触发信号，利用电容的不断充、放电，就可以实现两个暂稳态之间的相互转换，从而产生自激振荡，输出周期性的矩形波。

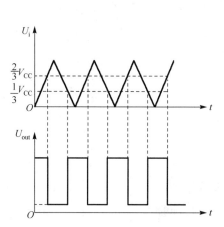

图 9-5　555 定时器构成的施密特触发器波形图

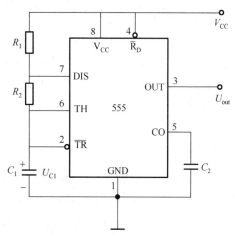

图 9-6　555 定时器构成多谐振荡器

根据 555 定时器的功能表，可以得到输出波形如图 9-7 所示，电容两端的电压 U_{C1} 多次在 $\frac{1}{3}V_{CC}$ 和 $\frac{2}{3}V_{CC}$ 之间循环增大、减小，电容循环充、放电，使电路产生振荡，输出周期性的矩形脉冲。多谐振荡器的振荡周期 T 为

$$T = t_{w1} + t_{w2}$$

其中，t_{w1} 表示电容 C_1 的充电周期，$t_{w1} = (R_1 + R_2)C_1 \ln 2 \approx 0.7(R_1 + R_2)C_1$；$t_{w2}$ 表示电容 C_1 的放电周期，$t_{w2} = R_2 C_1 \ln 2 \approx 0.7 R_2 C_1$。

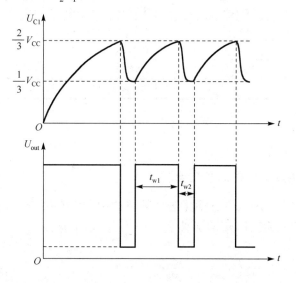

图 9-7　555 定时器构成的多谐振荡器波形图

$$T = t_{w1} + t_{w2} \approx 0.7(R_1 + 2R_2)C_1$$

振荡频率

$$f = \frac{1}{T} = \frac{1}{0.7(R_1 + 2R_2)C_1}$$

输出矩形波的占空比

$$q = \frac{t_{w1}}{T} = \frac{0.7(R_1 + R_2)C_1}{0.7(R_1 + 2R_2)C_1} = \frac{R_1 + R_2}{R_1 + 2R_2}$$

▶▶ 任务实施

任务目标

(1) 掌握 555 定时器构成的单稳态触发器的工作原理。

(2) 掌握 555 定时器构成的施密特触发器的工作原理。

(3) 掌握 555 定时器构成的多谐振荡触发器的工作原理。

设备要求

(1) PC 一台。

(2) Multisim 软件。

① 所选元器件见表 9-3。

表 9-3 元器件清单

标识符与元器件	组	系 列
VCC GND	Sources	POWER_SOURCES
CLOCK_VOLTAGE	Sources	SIGNAL_VOLTAGE_SOURCES
LM555CN	Mixed	555_VIRTUAL
R1KΩ	Basic	RPACK
C1_10nF	Basic	CAPACITOP
C2_1uF	Basic	CAPACITOP

② 示波器(XSC1)。

实施内容及步骤

1. 555 定时器构成的单稳态触发器验证

启动 Multisim 软件，进入主界面，选择菜单栏中的保存命令后，会弹出"保存"窗口，选择合适的保存路径并输入所需的文件名"Ex_1"，然后单击"保存"按钮，完成新文件的创建，如图 9-8 所示。

文件新建完成后，将电路相关的元器件从器件库中调出来，执行菜单命令"Place"→"Component"即可打开"Select a Component"(选择元器件)对话框，如图 9-9 所示。

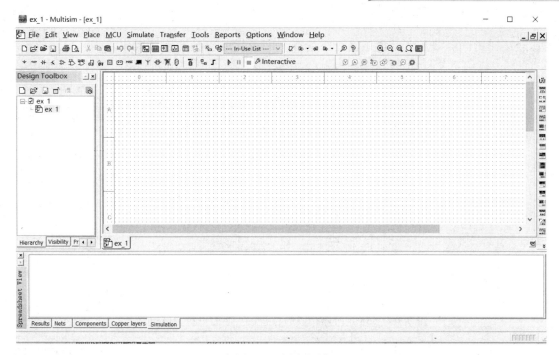

图 9-8　创建文件

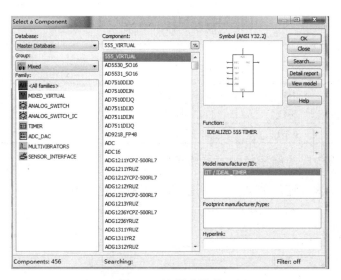

图 9-9　选择元器件

参考表 9-3，选择实验所需要的元器件。选择"Mixed"组下的"555_VIRTUAL"选项，再单击"OK"按钮即可。

放置其他元器件，如电源、接地、电阻、电容、开关、时钟源；选择元器件时，元器件的轮廓呈现为虚线，等待用户确定放置的位置。在此过程中，如果有必要对元器件进行旋转或镜像等操作，可以使用通用的【Ctrl+R】【Ctrl+X】【Ctrl+Y】等快捷键。将光标移动到工作台的合适位置上，再用鼠标左键单击一下即可放置此元器件。

按照图 9-10 连接仿真测试电路。所有的元器件都有用来连接其他元器件或仪器的引脚，将光标放在元器件的引脚上，当光标变成十字准线之后单击一下鼠标，然后移动光标，将其连接到其他引脚上之后再单击一下鼠标，即可完成引脚的连接操作。

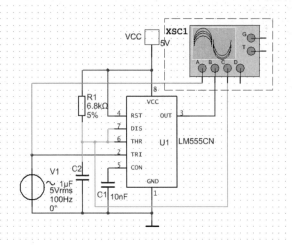

图 9-10　555 定时器构成单稳态触发器的仿真测试电路

启动仿真(单击　▶按钮)，改变 R1、C1 的值，记录示波器输出波形暂稳态的时间，并将测试结果记录在表 9-4 中。

表 9-4　测试结果

参数	R1	C1	T	
			理论值	测试值
第 1 组	1kΩ	0.1μF		
第 2 组	3kΩ	0.33μF		
第 3 组	6.8Ω	0.1μF		

2. 555 定时器构成的施密特触发器验证

(1)按照上述步骤，连接如图 9-11 所示的仿真测试电路。

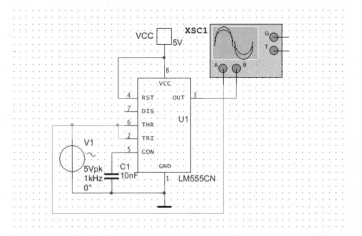

图 9-11　555 定时器构成施密特触发器的仿真测试电路

(2)启动仿真(单击 ▷ 按钮),观察示波器输出波形并记录测试结果。

3．555 定时器构成的多谐振荡器验证

(1)按照上述步骤,连接如图 9-12 所示的仿真测试电路。

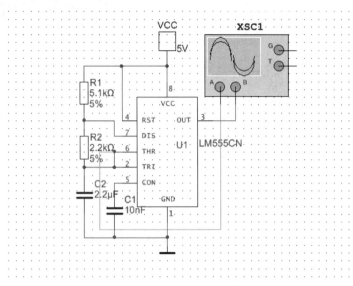

图 9-12　555 定时器构成多谐振荡器仿真测试电路

(2)启动仿真(单击 ▷ 按钮),观察示波器输出波形,并将测试结果记录在表 9-5 中。

表 9-5　测试结果

参数	R2	C2	T		占空比 q	
			理论值	测试值	理论值	测试值
第 1 组	1kΩ	0.1μF				
第 2 组	3kΩ	0.33μF				
第 3 组	6.8Ω	0.1μF				

实训 9　锯齿波电路的设计与测试

实训 9.1　设计指标

(1)熟悉锯齿波电路的工作原理及测试方法。
(2)掌握锯齿波的制作方法。

实训 9.2　设计任务和要求

利用 555 定时器构成信号发生器,产生锯齿波。
(1)了解利用 555 电路构成锯齿波发生器的基本原理。
(2)锯齿波电路设计。

(3)绘制逻辑电路图，完成电路仿真(参考图 9-13)。

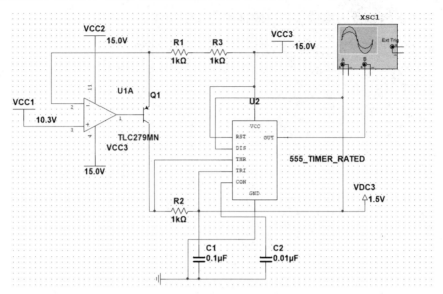

图 9-13　锯齿波发生器仿真测试图

(4)撰写使用说明书。

锯齿波电路仿真测试结果如图 9-14 所示。

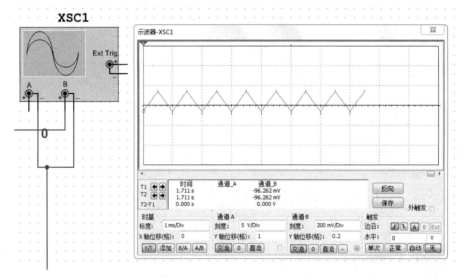

图 9-14　锯齿波电路仿真测试结果

实训 9.3　练习与扩展

(1)依据 555 电路原理，按照锯齿波参考电路，利用 Multisim 仿真实现一个锯齿波发生器，并观察仿真测试结果。

(2)(选做)利用 Altium Designer 绘制电路图，然后制作 PCB 图。

(3)(选做)根据 PCB 图制作成品。